甘肃脊椎动物检索表

GANSU JIZHUI DONGWU JIANSUOBIAO

廖继承　包新康　张立勋 ◎ 主编

编　者（按姓氏音序排序）

包新康　丛培昊　杜　波　廖继承

刘昌景　骆　爽　宋　森　张立勋

赵　伟

兰州大学出版社

图书在版编目(CIP)数据

甘肃脊椎动物检索表／廖继承,包新康,张立勋主编. 一兰州:兰州大学出版社,2014.6

ISBN 978-7-311-04487-9

Ⅰ.①甘… Ⅱ.①廖… ②包… ③张… Ⅲ.①脊椎动物门—目录索引—甘肃省 Ⅳ.①Q959.308

中国版本图书馆 CIP 数据核字(2014)第 134470 号

策划编辑　张爱民
责任编辑　张爱民　包秀娟
封面设计　管军伟

书　　名　甘肃脊椎动物检索表
作　　者　廖继承　包新康　张立勋　主编
出版发行　兰州大学出版社　(地址:兰州市天水南路 222 号　730000)
电　　话　0931-8912613(总编办公室)　0931-8617156(营销中心)
　　　　　0931-8914298(读者服务部)
网　　址　http://www.onbook.com.cn
电子信箱　press@lzu.edu.cn
印　　刷　兰州大众彩印包装有限公司
开　　本　880 mm×1230 mm　1/32
印　　张　10.25
字　　数　226 千
版　　次　2014 年 7 月第 1 版
印　　次　2014 年 7 月第 1 次印刷
书　　号　ISBN 978-7-311-04487-9
定　　价　30.00 元

前　言

为满足高等学校动物学教学和野外实习及野生动物保护、动物爱好者等相关人员的需要，我们编写了《甘肃脊椎动物检索表》。本书共收录了鱼纲6目12科66属107种，两栖纲2目9科19属32种，爬行纲3目10科38属65种，鸟纲17目67科224属527种，哺乳纲8目29科99属162种。检索表的编写以《甘肃脊椎动物志》为蓝本，同时参阅该书出版以来有关甘肃省脊椎动物的记录报道资料，结合我们在教学实习、野外考察中的观测结果，对目前甘肃省分布的物种进行了修订增补。对分类术语进行图文说明，物种形态特征的描述也力求简明、扼要，以便于检索识别。

本书各部分编写如下：杜波、张立勋、刘昌景负责鱼纲，赵伟、骆爽负责两栖纲和爬行纲，包新康、张立勋、丛培昊负责鸟纲，宋森、廖继承负责哺乳纲。廖继承负责全书的统稿。

本书编写得到基础学科人才培养基金(J1210077，J1210033，J1103502)和教育部特色专业综合改革试点项目(生态学)的资助，特此致谢。

由于我们水平有限，编写过程中难免出现遗漏和错误，欢迎读者批评指正。

目　录

脊椎动物分纲检索

1. 终生以鳃呼吸,运动器官为鳍;体大部被鳞

    ·· 鱼纲 PISCES

    终生以肺呼吸,或幼时用鳃,成体用肺,动物器官为附肢;体表覆

      物各式各样 ······································ 2

2. 发育中有变态,幼体生活于水中以鳃呼吸,成体水陆两栖用肺呼吸

    ·· 两栖纲 AMPHIBIA

    发育中无变态,幼、成体均以肺呼吸;陆生,少数水生

    ·· 3

3. 体表覆以鳞或甲,甲片外具角质鳞或柔皮

    ·· 爬行纲 REPTILIA

    体表无鳞或甲,鳞如存在仅限于体背、尾、跗蹠及趾部

    ·· 4

4. 体被羽,前肢为翼;卵生 ···················· 鸟纲 AVES

    体被毛或毛的变形棘,鳞如存在则同时具毛;胎生哺乳

    ·· 哺乳纲 MAMMALIA

鱼纲 PISCE

甘肃境内有鱼类107种,隶属于6目12科66属。

鱼外部形态观察与测量

外形观察　淡水鱼类身体多呈纺缍形,分为头、躯干和尾3部分(图1-1)。

(一)头部

自吻端至鳃盖骨后缘为头部。主要结构有口、触须、外鼻孔、眼、鳃盖、鳃盖膜、鳃孔、上下颌等。

(二)躯干部和尾部

躯干部指鳃盖后缘至肛门,自肛门至尾鳍基部最后一枚椎骨为尾部。主要结构有侧线、鳍(胸鳍、背鳍、腹鳍、臀鳍、尾鳍)和泄殖孔。

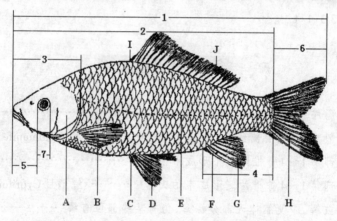

图1-1　鱼类外形观察及测量方法(引自唐子明等,1978)

1.全长　2.体长　3.头长　4.尾长　5.吻长　6.尾鳍长　7.眼径
A.鳃盖　B.胸鳍　C.腹棘　D.腹鳍　E.侧线　F.臀棘　G.臀鳍
H.尾鳍　I.背棘　J.背鳍

(三)鳞式

侧线鳞$\frac{\text{侧线上鳞}}{\text{侧线下鳞}}$,如鲤鱼的鳞式为:$33-36\frac{5-6}{4-5}$。侧线鳞数指

从鳃盖后方直达尾部的一列鳞片的数目,侧线上鳞数指从背鳍起点斜列到侧线鳞的鳞数,侧线下鳞数指从臀鳍起点斜列到侧线鳞的鳞数。

（四）鳍式

以鲤鱼的鳍式为例,D.Ⅲ～Ⅳ-17～22；P.Ⅰ-15～16；V.Ⅱ-8～9；A.Ⅲ-5～6；C.20～22。其中,D代表背鳍,P代表胸鳍,V代表腹鳍,A代表臀鳍,C代表尾鳍。罗马数字表示鳍棘数目,阿拉伯数字表示鳍条数目。鳍式中的半字线代表鳍棘与鳍条相连,逗号表示分离,罗马字或阿拉伯字中间的一字线示范围。

（五）咽喉齿

着生在下咽骨上,其形状和行数随种而异。如鲤鱼咽喉齿式为1·1·3/3·1·1。

鱼纲分目检索

一、鲑形目 Salmoniformes

（一）鲑科 Salmonida

细鳞鲑属 *Brachymystax*

秦岭细鳞鲑 *B. lenok*

体纺锤形；口端位、舌齿"∧"型排列；鳞细小，侧线平直；腹鳍鳍基部具1长腋鳞；尾鳍叉状。

二、鲤形目 Cypriformes

鲤形目分科检索

1. 体侧扁或为圆柱状；偶鳍前有1根不分枝鳍条 ·················· 2
   体平扁；偶鳍前有1根以上不分枝鳍条，偶鳍平展
   ·················· 平鳍鳅科 Homalopreridae
2. 口前吻部无须或仅有1对上颌须 ·············· 鲤科 Cyprinidae
   口前吻部有2对吻须 ··················· 鳅科 Cobitidae

（二）鳅科 Cobitidae

鳅科分亚科检索

1. 有眼下刺（泥鳅属和副泥鳅属例外）；须3～5对，其中吻须2对，口
   角须1对，颏须1～2对（泥鳅属和副泥鳅属具2对）或缺失 ······ 2
   无眼下刺；须3对，其中吻须2对，口角须1对（个别属前鼻孔前端
   延长成鼻须） ·················· 条鳅亚科 Noemachilinae

2. 吻须2对聚生于吻端;尾鳍分叉;侧线完全

$\cdots\cdots\cdots$ 沙鳅亚科 Botianae

吻须2对分生于吻端;尾鳍内凹;侧线完全、不完全或失

$\cdots\cdots\cdots$ 花鳅亚科 Cobitinae

花鳅亚科 Cobitinae

花鳅亚科分属检索

1. 无眼下刺;须多于3对 $\cdots\cdots\cdots$ 2

  有眼下刺;须3对 $\cdots\cdots\cdots$ 花鳅属 Cobitis

2. 体裸露无鳞;侧线鳞在140以上 $\cdots\cdots$ 泥鳅属 Misgurnus

  体具鳞片;侧线鳞在130以下 $\cdots\cdots$ 副泥鳅属 Paramisgurnus

花鳅属 Cobitis

沿体侧中线具5~9个大斑,背部具12~19个矩形大斑

$\cdots\cdots\cdots$ 中华花鳅 C. sinensis

沿体侧中线具10~17个大斑 $\cdots\cdots$ 北方花鳅 C. granoei

泥鳅属 Misgurnus

泥鳅 M. anguillicaudatus

体前段呈圆筒形,后部侧扁;口下位、马蹄形;须5对;全身具小的黑斑,在背鳍和尾鳍膜上成行排列,尾柄基部有一明显的黑斑。

副泥鳅属 Paramisgurnus

大鳞副泥鳅 P. dabryanus

口下位;下唇中央有一小缺口;鼻孔靠近眼,眼下无刺。头部无鳞,须5对;眼被皮膜覆盖;尾柄处皮褶棱发达,与尾鳍相连;尾柄长与高约相等,尾鳍圆形。

沙鳅亚科 Botianae

沙鳅亚科分属检索

颊部裸露无鳞;眼下刺分叉 ……………………………… 沙鳅属 *Botia*

颊部被鳞;眼下刺不分叉 ……………………………… 薄鳅属 *Leptobotia*

沙鳅属 *Botia*

中华沙鳅 *B. superciliaris*

吻突出,长而尖,须3对;颌下1对钮状突起;眼下刺分叉,末端超过眼后缘;颊部无鳞;腹鳍末端不达肛门,肛门靠近臀鳍起点。

薄鳅属 *Leptobotia*

颊下无钮状突起 ……………………………… 长薄鳅 *L. elongata*

颊下有1对钮状突起 ……………………………… 红唇薄鳅 *L. rubrilabris*

条鳅亚科 Noemachilinae

条鳅亚科分属检索

1. 背鳍和尾鳍之间有一软鳍褶(内含退化的鳍条),鳍褶前至少达到臀鳍的上方 ……………………………… 副鳅属 *Paracobitis*

   背鳍和尾鳍之间无鳍褶 ……………………………… 2

2. 雄性雌性均为眼前下缘至上唇方向有圆弧形的布满小棘突的隆起区,隆起下方和临近的皮肤分开,两颊另有不隆起的小棘突区 ……………………………… 高原鳅属 *Triplophysa*

   雄性雌性均为眼前缘和后鼻孔之间有数十个小棘突,排列成三角的小区,不隆起 ……………………………… 鼓鳔鳅属 *Hedinichthys*

副鳅属 *Paracobitis*

躯体长,体长为体高的7～9倍;侧线完全

.... 斑纹副鳅 *P. variegates*

躯体短,体长为体高的4～6倍;侧线不完全,终止在背鳍下方

.... 短体副鳅 *P. potanini*

高原鳅属 *Triplophysa*

1. 体被小鳞,至少尾柄处有稀疏鳞片 2
   体完全裸露无鳞 3

2. 头后躯体全被鳞,腹部也有鳞

   .... 岷县高原鳅 *T. minxianansis*

   仅尾柄处有稀疏鳞片 .... 壮体高原鳅 *T. robusta*

3. 侧线不完全,终止在背鳍下方 4
   侧线完全,沿体侧直达尾鳍基部 5

4. 上唇褶发达呈流梳状;下唇乳突发达;尾鳍游离缘稍圆凸

   .... 石羊河高原鳅 *T. shiyangensis*

   上唇褶不发达,亦不呈流梳状;下唇乳突不发达;尾鳍游离缘平截

   .... 小眼高原鳅 *T. microps*

5. 背鳍末根不分枝鳍条柔软 6
   背鳍末根不分枝鳍条或多或少变硬 10

6. 体背有与体轴平行的短条皮质棱 7
   体背无短条皮质棱 8

7. 条形皮质棱较少而光滑;背部在背鳍前后各有4～6和3～5块褐
   色宽横斑,有时亦延伸到体侧 ...... 黄河高原鳅 *T. pappenheimi*

   条形皮质棱较多而粗糙;头部多扭曲状条纹,躯体多斑纹

   .... 似鲶高原鳅 *T. siluroides*

8. 背鳍起点在腹鳍起点之前 ...... 短尾高原鳅 *T. brevicauda*

17. 下唇角质发达;尾鳍微凹

　　　　………………………… 背斑高原鳅 *T. dorsonotata*

　下唇角质不发达;尾鳍深凹

　　　　………………………… 酒泉高原鳅 *T. hsutschouensis*

鼓鳔鳅属 *Hedinichthys*

　　　　　　大鳍鼓鳔鳅 *H. macropterus*

　体形粗壮,头部宽大,自头部往后体渐细小;胸鳍特别大,一般呈扇形展开,故名;体表无鳞,多分布不规则的黑色或褐色斑点。

(三)鲤科 Cyprinidae

鲤科分亚科检索

1. 有螺旋形的鳃上器,鳃耙细密而长或作海绵状;两眼位置偏在头周的下方 ……………… 鲢鳙亚科 Hypophthalmichthyinae
　没有螺旋形的鳃上器,鳃耙正常;两眼位置偏在头轴的上方

　　………………………………………………………………… 2

2. 须 4 对 ……………………… 鳅鮀亚科 Gobiobatinae
　须最多 2 对,或 1 对,或完全缺失 ……………………… 3

3. 臀鳍具硬刺,其后缘具锯齿 ……………… 鲤亚科 Cyprininae
　臀鳍有或无硬刺,如具有硬刺,其后缘不具锯齿 ………… 4

4. 臀鳍基部和肛门两侧有大型鳞片 1 列,肛前一段无鳞区夹在两列鳞片之间 ……………… 裂腹鱼亚科 Schizothoracinae
　臀鳍基部和肛门两侧无较大鳞片 ……………………… 5

5. 雌鱼具细长的产卵管;体通常较短,呈卵圆形

　　……………………… 鳑鲏亚科 Acheilognathinae
　雌鱼不具产卵管 ……………………………………… 6

6. 臀鳍较长,分枝鳍条在 14 根以上;腹部通常具有发达的腹棱
   ·· 鳊亚科 Abramidinae

   臀鳍较短,分枝鳍条在 14 根以下;腹部通常无腹棱,如存在
   也不完全 ··· 7

7. 臀鳍短,分枝鳍条 5～6 根(极少数为 7～8 根或更多) ··········· 8

   臀鳍中长,分枝鳍条 7～14 根;体细长,背、臀鳍均无硬刺,或背鳍
   末根不分枝鳍条为光滑硬刺;臀鳍起点在背鳍起点之后或与之
   相对 ·· 9

8. 下咽齿通常为 1～2 行,臀鳍分枝鳍条多数为 6
   ·· 鮈亚科 Gobioninae

   下咽齿通常为 3 行,臀鳍分枝鳍条多数为 5 ··········· 10

9. 体通常细长,无腹鳍;侧线完全;上颌前端正中无突起,下颌亦无
   与之相对应的凹陷 ··········· 雅罗鱼亚科 Leuciscinae

   体长而侧扁,腹棱如存在亦不完整;侧线完全、不完全或缺失
   ··· 11

10. 无口前室;咽突的后突侧扁 ··········· 鲃亚科 Barbinae
    有口前室;咽突的后突平扁 ··········· 野鲮亚科 Labeoninae

11. 下颌前缘覆以角质 ··········· 鲴亚科 Xenocyprininae
    下颌前缘无角质,但前端正中有一突起且与上颌凹陷相吻合
    ····································· 鲌亚科 Danioninae

鲌亚科 Danioninae

鲌亚科分属检索

1. 侧线不完全;腹部具不完全的腹棱 ··········· 细鲫属 Aphyocypris
   侧线完全;腹部无腹棱 ·· 2

2. 口裂很大,上下颌侧缘凹凸相嵌 ··········· 马口鱼属 Opsariichthys

口裂较小,上下颌较平直,下颌两侧平整无凹凸

……………………………………………………… 鱲属 *Zacco*

细鲫属 *Aphyocypris*

中华细鲫 *A. chinensis*

口端位,口裂向后方倾斜;唇薄,无须;腹鳍基部至肛门之间有腹棱;鳃耙短小,稀疏;鳞片大,侧线不完全。

马口鱼属 *Opsariichthys*

马口鱼 *O. bidens*

体扁长,腹圆;口大、吻长,侧线前段弯向腹部,后段向上延至尾柄正中;体侧有浅蓝色垂直条纹;雄鱼在生殖期头、吻和臀鳍有显眼的珠星,全身具有鲜艳的婚姻色。

鱲属 *Zacco*

宽鳍鱲 *Z. platypus*

口端位;鳞呈长方形,在腹鳍基部两侧各有一向后伸长的腋鳞。侧线完全,前段弯向腹部,后段向上延至尾柄正中;生殖季节雄体出现"婚装"。

雅罗鱼亚科 Leuciscinae

雅罗鱼亚科分属检索

1. 下咽齿2行 ……………………………………………… 2
   下咽齿3行 ……………………………………………… 4
2. 下咽齿侧扁,侧面有斜沟,齿面呈梳形 ……………………

……………………………………………… 草鱼属 *C. odon*
   下咽齿不具上述特征 ……………………………………… 3
3. 鳞小,排列不整齐,侧线完全或不完全 …………… 鱥属 *Phoxinus*

鳞大,排列整齐,侧线完全 ························· 雅罗鱼属 *Leuciscus*

4.须2对;眼上有一红斑;颊部无明显黄色斑;侧线鳞46～48

·············· 赤眼鳟属 *Squaliobarbus*

眼上无红斑;颊部有明显的黄色斑;侧线鳞110～120

·············· 鳡属 *Elopichthys*

草鱼属 Ctenopharyngodon

草鱼 *C. idellus*

体呈圆筒形,头略扁平,尾侧扁;口呈弧形,无须,上颌略长于下颌;腹部无棱;下咽齿二行,侧扁,呈梳状,齿侧具横沟纹;背鳍和腹鳍相对,均无硬刺。

鱥属 Phoxinus

拉氏鱥 *P. lagowskii*

体高小于头长或尾柄长,体长至少为体高5倍;头尖长,上颌长于下颌;口呈半下位;鳞小且排列紧密;背鳍起点显著在腹鳍起点之前;鳞片周围有发达的放射肋。

雅罗鱼属 Leuciscus

东北雅罗鱼 *L. waleckii*

口端位,上、下颌等长,唇无角质缘;头长小于体长;背鳍起点位于吻端和尾鳍基正中;鳞中等偏大,腹部鳞片小于体侧鳞片;体背及侧线以上为黑色,腹部银白色。

赤眼鳟属 Squaliobarbus

赤眼鳟 *S. curriculus*

体长筒形,腹圆,后部较侧扁;体色银白,背部略呈深灰;眼的上缘有一显著红斑,故名。

鱤属 Elopichthys

鱤鱼 E. bambusa

吻喙状;口端位,无须;下咽齿3行,齿末端钩状;鳞细小;背鳍起点位于腹鳍之后,尾鳍分叉很深;体背灰褐色,腹部银白色,背鳍、尾鳍深灰色,颊部及其它鳍淡黄色。

鲴亚科 Xenocyprininae

圆吻鲴属 Distoechodon

圆吻鲴 D. tumirostris

体长而侧扁,鳞银白色;口极宽,横裂,吻部圆形,下颌似铲,具锐利而发达的角质边缘;下咽齿2行;侧线鳞72～82。

鲢鳙亚科 Hypophthalmichthyinae

鲢鳙亚科分属检索

鳃耙细密,但互不连结;腹棱不全 ················ 鳙属 Aristichthys

鳃耙细密且互连成膜片;腹棱完全 ······ 鲢属 Hypophthalmichthys

鳙属 Aristichthys

鳙 A. nobilis

头极肥大;口端位,下颌斜向上;鳃耙不联合;胸鳍末端远超过腹鳍基部;体侧杂有许多浅黄色及黑色的不规则小斑点。生活于静水的中上层,动作较迟缓,不喜跳跃。

鲢属 Hypophthalmichthys

鲢 H. molitrix

体侧扁;口端位,下颌斜向上;口咽腔上部有螺形的鳃上器官;下咽齿勺形,平扁;鳞小;腹棱自喉部至肛门;胸鳍末端仅伸至腹鳍起点;形态和鳊鱼相似,但性急躁,善跳跃。

鳊鱼亚科 Abramidinae

鳊鱼亚科分属检索

1. 体形侧扁,长而呈刀状;臀鳍不分枝鳍条在20枚以下;侧线于胸
   鳍上方急剧向下弯曲 …………………………… 鳘条属 Hemicculter
   体形侧扁,短而呈菱形;臀鳍不分枝鳍条在26～35枚之间;侧线
   并不显著弯曲 ……………………………………………………… 2
2. 腹棱仅自腹鳍基部至肛门………………………… 鲂属 Megalobram
   腹棱自胸鳍基部至肛门 ………………………… 鳊属 Parabramis

鳘条属 Hemicculter

鳘条 H. leuciclus

体细长,侧扁;口端位,口裂斜向上;背部几成直线,腹部略凸;
自胸鳍基部至肛门有明显的腹棱;鳃耙15～18;背鳍Ⅲ7,臀鳍
Ⅲ11～14;喜群集于沿岸水面游泳,行动迅速。

鲂属 Megalobram

团头鲂 M. amblycephala

体侧扁,呈长棱形,背隆起明显;头小、口小;体侧灰并有浅棕色
光泽,背色深、腹色浅;鳞片中等大小;臀鳍较长,尾柄短,尾鳍分
叉深。

鳊属 Parabramis

鳊 P. pekinensis

体菱形、侧扁,皮质腹棱明显;上颌长于下颌;背鳍具硬刺,臀鳍
长,尾鳍深分叉;体背及头部背面青灰色,带有浅绿色光泽,体侧银
灰色,腹部银白色,各鳍边缘灰色。

鮈亚科 Gobioninae

鮈亚科分属检索

背鳍起点至吻端与其基部后端距尾鳍基显著为小;鳔前室包于骨囊内 ······ 蛇鮈属 *Saurogobio*

10. 下唇明显分为3叶 ······ 11

下唇不分叶 ······ 片唇鮈属 *Plotysmacheilus*

11. 下唇中叶为1对椭圆形的突起,两侧叶不扩展成翼状,胸部无鳞 ······ 棒花鱼属 *Abbottina*

下唇中叶呈心脏形,两侧叶发达,向后扩展成翼状 ······ 胡鮈属 *Huigobio*

鳡属 *Hemibarbus*

吻长显著大于眼后头长;下唇不发达,两侧叶较宽,颏部中央仅有一小突起;体侧无明显斑点 ······ 唇鳡 *H. labeo*

吻长小于或等于眼后头长;下唇不发达,两侧叶狭窄,颏部中央三角状突起较大;体侧、背和尾鳍具黑斑 ······ 花鳡 *H. maculates*

刺鮈属 *Acanthogobio*

刺鮈 *A. guentheri*

体高而侧扁,尾柄粗短;口下位、弧形,吻尖、锥形,唇无乳突;口角1对须;背鳍末根不分枝鳍条为一光滑硬刺;背部正中有一浅黑色条纹,体侧中轴之上方有一列黑色斑点。

似鳡属 *Belligobio*

似鳡 *B. nummifer*

背鳍有软条47～53条,尾鳍有软条31～35条,侧线鳞62～68片,体长与尾柄长之比为1。

麦穗鱼属 *Pseudorasbora*

麦穗鱼 *P. parva*

头尖,平扁;口上位,无须。背鳍无硬刺;雄鱼生殖时体色深黑,吻部、颊部出现珠星。大小性二态性明显。

颌须鮈属 *Cnathopogon*

口端位；肛门位置紧接于臀鳍起点的前方；须短，须长小于眼径的
一半 ……………………………………… 短须颌须鮈 *C. imberbis*

口亚下位；肛门位于腹鳍与臀鳍起点的后 1/3 处；须长，须长等于
或大于眼径 ……………………………… 点纹颌须鮈 *C. wolterstorffi*

鮈属 *Gobio*

肛门约位于腹鳍基部和臀鳍起点的后 1/3 处；或者更接近于臀鳍
起点；须长，末端向后延伸超过眼后缘下方

…………………………………………………… 似铜鮈 *G. coriparoides*

肛门约位于腹鳍基部和臀鳍起点的中点处；或者更接近于腹鳍基
部；眼小，头长为眼径的 6 倍以上；体侧无明显斑点

…………………………………………………… 黄河鮈 *G. huanghensis*

铜鱼属 *Coreius*

北方铜鱼 *C. septemntrionalis*

头小，平扁，头后背部稍隆起；吻尖而突出；鼻孔大于眼径，眼
小。侧线鳞 55～56 个。胸、腹、尾鳍基部具有不规则排列的小鳞
片，背、臀鳍基部具鳞鞘。

吻鮈属 *Rhinogobio*

头长为眼径的 6.6～8.0 倍；肛门位于臀鳍起点与腹鳍之间的中点

…………………………………………………… 圆筒吻鮈 *R. cylindricus*

头长为眼径的 8.6～13.4 倍；肛门位于近臀鳍起点

…………………………………………………… 大鼻吻鮈 *R. nasutus*

蛇鮈属 *Saurogobio*

蛇鮈 *S. dabryi*

体延长呈圆筒形,背部隆起,腹部平坦,尾柄稍侧扁;头长大于体高;吻突出,口下位,马蹄形。唇发达,有显著的乳突,下唇后缘游离。

片唇鮈属 *Plotysmacheilus*

裸腹片唇鮈 *P. nudiventris*

体长约80 mm,口角须长度小于眼径;臀鳍无硬刺,分枝鳍条6根;背鳍无硬刺,起点距吻端较其基底后端距尾鳍基为大;下咽齿1行,5-5;侧线鳞39～41。

胡鮈属 *Huigobio*

清徐胡鮈 *H. chinssuensis*

体长约50 mm,口角须长度约为眼径的1/2;臀鳍无硬刺,鳍条6根,背鳍无硬刺;下咽齿1行、5-5。侧线鳞36～37;下唇明显分3叶,中叶心脏形,两侧叶向后扩展成翼状。

棒花鱼属 *Abbottina*

棒花鱼 *A. rivularis*

体粗壮;鼻孔前方下陷;唇厚,上唇褶皱不明显,下唇侧叶光滑;侧线鳞35～39;生殖时期雄鱼胸鳍及头部均有珠星;各鳍延长。

鳅鮀亚科 Gobiobatinae

鳅鮀属 *Gobiobotia*

1. 体覆鳞小,侧线上鳞9～11枚;鳔具鳔管
　　　　　　　　　　　　　　　　　　　　　异鳔鳅鮀 *G. boulengeri*

体覆鳞大,侧线上鳞5～6枚;鳔无鳔管 ·····························2

2.胸腹部裸露区达腹鳍基部 ················ 宜昌鳅鮀 *G. ichangensin*

  胸腹部裸露区超过腹鳍基部,一般达臀鳍起点

  ················ 平鳍鳅鮀 *G. homalopteroides*

鲃亚科 Baibinae

鲃亚科分属检索

1.下唇的唇后沟向前伸至颏部中断 ·················· 2

  下唇的唇后沟向前伸,在颏部相连;下唇在侧瓣之间有不同发达

  程度的中叶 ················ 结鱼属 *Tor*

2.下唇紧包在下颌的外表,即有唇侧瓣的存在,亦包在下颌的腹侧

  面;背鳍起点前有或无1根平卧的倒刺······ 四须鲃属 *Barbodes*

  下唇和下颌开始分化,下唇瓣向后退,使下颌前部外露,或者下颌

  在上,臃肿的唇瓣在下,下颌前端也稍外露;背鳍起点前无平卧

  倒刺 ················ 3

3.吻向前突出,口下位或亚下位,成一横裂,口裂的宽度(口角间距

  离)几占此处吻宽的全部,下颌前缘平直,通常有角质鞘,下唇

  瓣限于口角处;因下颌宽阔,下唇瓣相应的不显著

  ················ 突吻鱼属 *Varicorhinus*

  口端位或亚下位,呈弧形或马蹄形,口裂的宽度不超过此处吻宽

  的2/3,下颌一般较狭,呈弧形,前缘有或无角质鞘;下唇瓣在头

  腹面占显著地位 ················ 光唇鱼属 *Acrossocheilus*

结鱼属 *Tor*

瓣结鱼 *T. brevifilis*

  体细长,侧扁,腹圆,尾柄细;头较长,吻端尖;口下位,马蹄形,
前上颌骨能自由伸缩;须2对,吻须细小,不明显,颌须长;鳞中等
大,胸部鳞片小,侧线鳞45～46。

四须鲃属 *Barbodes*

背鳍的末根不分枝鳍条柔软不成为硬刺

.... 刺鲃 *B. caldwelli*

背鳍的末根不分枝鳍条粗壮成为硬刺

.... 中华倒刺鲃 *B. sinensis*

突吻鱼属 *Varicorhinus*

1. 背鳍末根不分枝鳍条分节不成为硬刺;分枝鳍条8根

.... 多鳞铲颌鱼 *V. macrolepis*

背鳍末根不分枝鳍条变成粗壮硬刺,后缘光滑或具强锯齿;分枝

鳍条8～11根 2

2. 鳃耙28～33;成鱼须退化 .... 白甲鱼 *V. simus*

鳃耙34～36;成鱼具2对须

.... 四川白甲鱼 *V. angustistomatus*

光唇鱼属 *Acrossocheilus*

宽口光唇鱼 *A. monticola*

体侧扁、腹圆;头锥形、吻突出;眼侧上位;鳃耙短小,下咽齿末端钩状;背鳍最后一根鳍条不分枝;胸鳞稍小,腹鳍基部有腋鳞,侧线鳞较平直;雄鱼生殖季节珠星明显。

野鲮亚科 Labeoninae

华鲮属 *Similabeo*

华鲮 *S. rendahli*

体呈棒状;吻钝圆而突出;上颌有1对短颌须,吻须退化;侧线鳞45～47个。体背及体侧青黑色,鳞片紫绿色夹有红色,并具金属

光泽;腹部微黄,各鳍灰黑色。

裂腹鱼亚科 Schizothoracinae

裂腹鱼亚科分属检索

1. 下咽齿2行;体裸露无鳞,仅肩区有少数排列不规则的鳞片;须1
对或缺失 ·· 2

  下咽齿3行;体被细鳞,须2对 ·········· 裂腹鱼属 Schizothorax

2. 须1对 ······························· 裸重唇鱼属 Gymnodiptychus

  须缺失 ·· 3

3. 下咽齿侧扁,顶端平截;下咽骨宽阔略呈三角形

  ·································· 扁咽齿鱼属 Platypharodon

  下咽齿细圆,顶端尖;下咽骨窄狭呈弧形 ·················· 4

4. 口下位,横裂;下颌前缘角质平截 ·········· 黄河鱼属 Chuanchia

  口端位,亚下位或上位 ·································· 5

5. 口端位或亚下位,下颌前缘有角质或仅在内侧有之

  ······························· 裸鲤属 Gymnocypris

  口上位,下颌前缘有锐利角质 ········ 裸裂尻鱼属 Schizopygopsis

裂腹鱼属 Schizothorax

1. 下颌前缘有锐利的角质 ·································· 2

  下颌前缘无锐利的角质 ·································· 3

2. 须短,其长度小于或等于眼径;前须末端至多达到眼球的下方

  ······························· 齐口裂腹鱼 S. prenanti

  须长,其长度大于眼径;前须末端达到或超过眼球中部的下方

  ······························· 中华裂腹鱼 S. sinensis

3. 背鳍刺较弱;自侧线至腹鳍起点的斜行鳞片13～18,平均15

  ······························· 重口裂腹鱼 S. davidi

背鳍刺强;自侧线至腹鳍起点的斜行鳞片18～23,平均20
…………………………………………… 四川裂腹鱼 *S. kozlovi*

裸重唇鱼属 *Gymnodiptychus*

第1鳃弓鳃耙外侧13以下,内侧19以下;尾柄长为尾柄高的2倍
以下 ………………………………… 渭河裸重唇鱼 *G. weiheensis*

第1鳃弓鳃耙外侧15以上,内侧23以上;尾柄长为尾柄高的2.7倍
以上 ………………………………… 厚唇裸重唇鱼 *G. pachycheilus*

扁咽齿鱼属 *Platypharodon*

极边扁咽齿鱼 *P. extremus*

体侧扁,头锥形,背隆起,腹平坦;吻钝圆;下颌具锐利发达的角
质前缘;侧线鳞不明显;背鳍刺具深锯齿,背、腹鳍起点相对;臀鳍位
后;尾柄短。

黄河鱼属 *Chuanchia*

骨唇黄河鱼 *C. labiosa*

头锥形,吻略突出;体裸露,仅在肩处有少数不规则的鳞片;侧
线鳞在体前部为皮褶状,后部不明显。背鳍硬刺强,具深锯齿;尾鳍
叉状。

裸鲤属 *Gymnocypris*

花斑裸鲤 *G. eckloni*

体长,侧扁,头锥形;口裂较大;身体仅有臀鳞和少数肩鳞;背鳍
具发达的锯齿,起点稍在腹鳍之前。体侧具多数环状、点状或条状
的斑纹。

裸裂尻鱼属 Schizopygopsis

背鳍刺较强;第1鳃弓鳃耙外侧13以上,内侧24以上

················· 黄河裸裂尻鱼 S. pylzovi

背鳍刺较弱;第1鳃弓鳃耙外侧9～11,内侧13～17

················· 嘉陵裸裂尻鱼 S. kialingensis

鲤亚科 Cyprininae

鲤亚科分属检索

下咽齿3行,臼齿状;齿式1. 1. 3/3. 1. 1 ··········· 鲤属 Cyprinus

下咽齿1行,铲状;齿式4/4··········· 鲫属 Carassius

鲤属 Cyprinus

鲤 C. carpio

体长,略侧扁;口端位,马蹄形,触须2对;背鳍、臀鳍均具有带锯齿的硬刺;侧线鳞34～40;鳃耙外侧18～24;身体背部纯黑,侧线下方近金黄色。

鲫属 Carassius

鲫 C. auratus

体侧扁而高,腹部圆;头较小,吻钝,口端位,呈弧型;眼较大,无须;体呈银灰色,背部较暗,鳍灰色。

鱊鲏亚科 Acheilognathinae

鱊鲏属 Rhodeus

中华鱊鲏 R. sinensis

体侧扁,卵圆形;口端位,下颌稍长于上颌;侧线鳞3～7片;背

鳍条2,9～11;臀鳍条2,9～11;纵列鳞34;鳃耙短小,外侧10枚;下咽齿尖端不呈钩状。

(四)平鳍鳅科 Homalopreridae

平鳍鳅科分属检索

1. 腹鳍左右分开,不连成吸盘 ························· 2

   腹鳍后缘相连成吸盘 ························· 3

2. 唇具流苏状乳突;口角须3对;尾柄细而长,尾柄高小于眼径

   ························· 犁头鳅属 *Lepturichtys*

   唇具小乳突;口角须2对;尾柄粗而高,尾柄高大于眼径

   ························· 间吸鳅属 *Hemimyzon*

3. 鳃裂较宽,稍伸达头部腹面

   ························· 华吸鳅属 *Sinogastromyzon*

   鳃裂很窄,上端止于胸鳍背上方

   ························· 后平鳅属 *Metahomaloptera*

犁头鳅属 *Lepturichtys*

犁头鳅 *L. fimbriata*

头部平扁,形似犁头,尾柄细鞭状;吻褶分叶,中叶后缘有1对须状突;吻须2对;上、下唇均具多数须状突,颐部有1～2对小须;体鳞细小,鳞片上一般具刺状疣突。

间吸鳅属 *Hemimyzon*

短身间吸鳅 *H. abbreviate*

体呈扁圆筒形,尾柄圆而细长;头扁平;鳃裂扩展到头腹面;鳞小,光滑;胸、腹鳍平展,腹鳍左右不连合,末端离肛门远。

华吸鳅属 *Sinogastromyzon*

四川华吸鳅 *S. szechuanensis*

体宽短,平扁;胸鳍起点在眼的前方,末端超过腹鳍起点;腹鳍特化成吸盘状,左右相连;尾鳍凹形。

后平鳅属 *Metahomaloptera*

峨嵋后平鳅 *M. omeiensis*

体短宽,平扁;鳃裂窄,仅限于胸鳍基部的背上方;胸、腹鳍左右平展,胸鳍起点在眼前缘的下方,末端超过腹鳍起点,尾鳍凹形。

三、鲇形目 Siluriformes

鲇形目分科检索

1. 脂鳍缺失;背鳍短小,臀鳍长 ····················· 鲇科 Siluridae
   脂鳍存在;背鳍短或中等长,臀鳍条一般不多于25枚 ·········· 2
2. 前后鼻孔距离颇远;腭齿存在 ····················· 鲿科 Bagridae
   前后鼻孔距离近或紧邻;腭齿缺失 ·························· 3
3. 鳃膜不连于峡部;背鳍与胸鳍硬刺弱且埋于皮膜内
   ····················· 钝头鮠科 Amblycipitidae
   鳃膜连于峡部,少数不连于颊部的属种;背鳍与胸鳍硬刺发达
   ····················· 鮡科 Sisoridae

(五)鲇科 Siluridae

鲇属 *Silurus*

鲇 *S. asotus*

体长,头部平扁,头后侧扁;下颌突出,上下颌及犁骨上有许多

绒毛状细齿;成鱼须2对,幼鱼期须3对;体光滑无鳞;尾鳍呈斜切形。

(六)鲿科 Bagridae

鲿科分属检索

1. 脂鳍短或中等长,短于乃至略长于臀鳍;上颌须较短,末端不伸过胸鳍;后鼻孔距眼较距前鼻孔为近乃至稍远 ······················· 2
   脂鳍较长,一般长于臀鳍之2倍;上颌须较长,末端远超过胸鳍;后鼻孔距眼较距前鼻孔为远 ····················· 鲢属 *Mystus*

2. 尾鳍深叉状 ··· 3
   尾鳍凹入乃至截形或圆形;头顶被皮肤,仅枕突或裸露
   ·· 拟鲿属 *Pseudobagrus*

3. 头顶通常多少裸露且粗糙;臀鳍鳍条一般多于20
   ···································· 黄颡鱼属 *Pelteobagrus*
   头顶被皮肤,仅枕突或裸露;臀鳍鳍条不多于20
   ································ 鮠属 *Leiocassis*

鲢属 *Mystus*

大鳍鲢 *M. macropterus*

体延长,背鳍前平扁,尾部侧扁;头宽且平扁,口亚下位,宽阔呈弧形;上、下颌均具绒毛状齿带;后鼻孔有鼻须;眼小,眼间隔宽且平;体裸露无鳞,侧线平直。

拟鲿属 *Pseudobagrus*

1. 脂鳍短于臀鳍,胸鳍硬刺前缘光滑,后缘有强锯齿;臀鳍条17~18;体侧有暗色斑块,项部有淡色横带纹
   ···························· 中臀拟鲿 *P. medianalis*
   脂鳍等于或大于臀鳍 ··························· 2

2. 枕突裸露；须略短，上颌须不达鳃盖膜；游离椎骨不少于45枚

　　·························· 乌苏拟鲿 *P. ussuriensis*

　　枕突被皮；须短，上颌须稍过眼后缘；游离椎骨不多于35枚

　　·························· 短尾拟鲿 *P. brevicaudatus*

黄颡鱼属 *Pelteobagrus*

胸鳍硬刺前后缘皆有锯齿，前缘锯齿细小；须粗壮，吻部背视圆钝；体侧有2纵和2横黄色细带纹，间隔成暗色纵斑块

　　·························· 黄颡鱼 *P. fulvidraco*

胸鳍硬刺前缘光滑而后缘有强锯齿，头顶被薄皮；吻钝圆；须发达，上颌须末端可达胸鳍起点基部之后；体侧无暗色斑块

　　·························· 瓦氏黄颡鱼 *P. achelli*

鮠属 *Leiocassis*

体较粗壮，体长通常为体高的5倍以下；尾柄略短，长度为高度的2.6倍以下，为头长的0.8倍以下；游离椎骨39～41

　　·························· 粗唇鮠 *L. crassilabris*

体较修长，体长通常为体高的5倍以上；尾柄较长，长度为高度的2.6倍以上，为头长的0.8倍以下上；游离椎骨42～44

　　·························· 叉尾鮠 *L. tenuifurcatus*

（七）钝头鮠科 Amblycipitidae

鳅属 *Liobagrus*

白缘鳅 *L. marginatus*

吻端钝圆，眼小，背位；口大，端位，横裂；须4对，均甚发达；腮孔大，鳃盖膜不与鳃峡相连；背鳍硬刺包覆于皮膜之中，背鳍外缘圆凸。

（八）鮡科 Sisoridae

鮡科分属检索

胸部有纹状吸附器;脂鳍短而高;胸鳍具硬刺

················· 纹胸鮡属 *Glyptothorax*

胸部无纹状吸附器;脂鳍长而低;胸、腹鳍第1鳍条特化

················· 鮡属 *Pareuchiloglanis*

纹胸鮡属 *Glyptothorax*

中华纹胸鮡 *G. sinense*

头平扁,眼小;上唇具小乳突,下唇薄而光滑;须4对,上颌须有宽阔的皮褶与吻部相连;体无鳞;背鳍刺短,光滑;胸鳍刺前缘光滑,后缘具锯齿。脂鳍与臀鳍相对,尾鳍分叉。

鮡属 *Pareuchiloglanis*

1. 胸鳍末端不达腹鳍起点;尾柄长为尾柄高的2～3倍

················· 中华鮡 *P. sinensis*

胸鳍末端达或接近腹鳍起点 ················· 2

2. 尾柄长为尾柄高的4～5倍 ········· 前臀鮡 *P. anteanalis*

尾柄长为尾柄高的2～3倍·········· 扁头鮡 *P. kamengensis*

四、鳉形目 Cyprinodontiformes

（九）青鳉科 Oryziatidae

青鳉属 *Oryzias*

青鳉 *O.latipes*

体长不超过40 mm,略侧扁;背部平直,腹圆;头较宽,前端平

扁;眼大而高位;口能伸缩,上位;下颚齿尖细;背鳍具6枚软条,臀鳍具16～19枚软条;胸鳍具9～10枚软条;体被大圆鳞,无侧线,头部亦被鳞;体银白色,背面澹灰色,体背正中线自颈部至尾鳍基底具一暗褐色纵带;体侧自鳃盖后缘至尾鳍基底具一黑色纵线。

五、合腮鱼目 Synbranchiformes

(十)合鳃鱼科 Synbranchidae

黄鳝属 *Monopterus*

黄鳝 *M. albus*

体细长呈蛇形,体前端圆而后部侧扁,尾尖细;口端位,上颌突出,唇发达,上下颌及口盖骨上都有细齿;眼小,盖有薄皮;左右鳃孔于腹面合而为一,呈"V"字形;体表一般有润滑液体,无鳞。无胸鳍和腹鳍;背鳍和臀鳍退化,仅留皮褶,尾鳍相联合。

六、鲈形目 Perciformes

鲈形目分科检索

左右腹鳍极相接近,但不愈合

································· 塘鳢科 Eleotridae

左右腹鳍愈合成一吸盘

································· 鰕虎鱼科 Godiidae

(十一)塘鳢科 Eleotridae

黄黝鱼属 *Hypseleotris*

黄黝鱼 *H. swinhonis*

体短小,口斜裂,下颌稍长于上颌,两颌均具细齿;眼径大于眼间距;体被栉鳞;背鳍2个,彼此分离;胸鳍大;腹鳍胸位,左右分离;尾鳍圆形。

(十二)鰕虎鱼科 Godiidae

栉鰕虎鱼属 *Ctenogobius*

腹鳍愈合为长圆形吸盘,后缘距肛门较近,其距离小于腹鳍长的
一半 ……………………………… 子陵栉鰕虎鱼 *C. giurinus*
腹鳍愈合为圆盘形吸盘,后缘距肛门较远,其距离大于腹鳍长的
一半………………………………波氏栉鰕虎鱼 *C. cliffordpopei*

两栖纲 AMPHIBIA

甘肃省分布两栖纲动物32种,隶属2目9科19属。

两栖纲动物形态特征和量度

（一）有尾目成体量度及外部形态特征术语

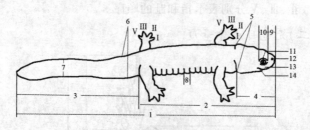

图2-1　有尾目成体量度

1. 全长　　2. 吻肛长　3. 尾长　　4. 头长　　5. 头宽
6. 尾宽　　7. 尾高　　8. 肋沟　　9. 吻长　　10. 眼径
11. 上眼睑　12. 鼻孔　13. 唇褶　14. 口裂　15. Ⅰ、Ⅱ、Ⅲ、Ⅴ指（趾）

全长：自吻端至尾末端的直线距离。

头长：自吻端至颈褶的直线距离。

头宽：头部最宽的直线距离。

吻长：眼前角至吻端的直线距离。

头体长（吻肛长）：自吻端至泄殖孔后缘的长度。

眼径：眼球与体轴平行的长度。

尾长：泄殖孔后缘至尾末的直线距离。

尾高：尾最高的垂直距离。

尾宽：尾基部，即泄殖孔两侧间的最大距离。

前肢长：自前肢基部至最长指末端的长度。

后肢长：自后肢基部至最长指末端的长度。

犁骨齿：着生在犁腭骨上的细齿，其齿列的位置、形状和长短均具分类学意义。

唇褶：颌缘皮肤肌肉组织的帘状褶。通常在上唇侧缘后半部，掩盖着对应的下唇缘,如山溪鲵属。

颈褶:存在于颈部两侧及其腹面的皮肤褶皱;通常作为头部与躯干部的分界线。

肋沟:指躯干部两侧、位于两肋骨之间形成的体表凹沟。

Ⅰ、Ⅱ、Ⅲ、Ⅴ分别表示指和趾的顺序。

(二)无尾目成体量度

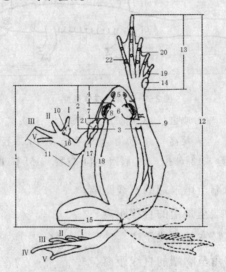

图2-2　无尾目成体量度

1.体长	2.头长	3.头宽	4.吻长　　5.鼻间距
6.眼间距	7.眼径	8.上眼睑宽	9.鼓膜　　10.婚垫
11.前臂及手长	12.后肢全长	13.足长	14.内蹠突
15.胫长	16.前臂宽	17.颈褶	18.背侧褶
19.关节下瘤	20.蹼	21.咽侧外声囊	22.外侧蹠间蹼

体长:自吻端至体后末端中点的直线距离。

头长:吻端至上下颌关节后缘直线距离。

头宽:左右颌关节间的直线距离。

吻长:眼前角至吻端的直线距离。

鼻间距:左右鼻孔间的最小距离。

上眼睑宽:上眼睑最宽处的量度。

眼径:眼球与体轴平行的长度。

膜径:鼓膜的最大直径。

前臂及手长:肘关节至第四趾末端直线距离。

前臂宽:前臂最宽处的量度。

后肢长:体后正中至第四趾末端直线距离的长度。

胫长:胫部两端的直线距离长度。

足长:内蹠突近端至第四趾直线距离长度。

手和足上的Ⅰ、Ⅱ、Ⅲ、Ⅳ、Ⅴ分别表示指和趾的顺序。

(三)无尾目蝌蚪量度

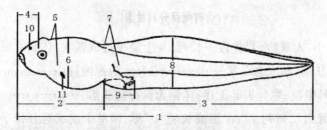

图2-3 无尾目蝌蚪量度

1. 全长 2. 体长 3. 尾长 4. 吻长 5. 体宽 6. 体高 7. 尾宽 8. 尾高 9. 后肢长 10. 鼻孔 11. 出水孔

全长:吻端至尾末端的直线距离。

体长:吻端至肛孔前缘的直线距离。

体高:躯体背腹面最高处的直线距离。

体宽:躯体左右最宽处的直线距离。

吻长:眼前角至吻端的直线距离。

尾长:肛孔后缘至尾末端的直线距离。

尾基宽:尾基部最宽处的直线距离。

尾高:尾最高处的垂直距离。

后肢长:后肢发育正常时,仅测量蹠足长。

有尾,体形长;四肢较短小;少数种类后肢退化或终生有鳃;幼体先出前肢 ·· 有尾目 Urodela

无尾,体形短;均具四肢,后肢较前肢长;变态后无鳃;幼体先出后肢 ·· 无尾目 Anura

一、有尾目 Urodela

有尾目分科检索

1. 眼小,无眼睑;犁骨齿一长列,与上颌平行成弧状;体侧有纵行皮肤褶;卵成念珠状 ·············· 隐鳃鲵科 Cryptobranchidae

   眼具眼睑;犁骨齿非上述;体侧无纵行皮肤褶 ·············· 2

2. 犁骨齿二短列呈"八"形或长呈"U"形,卵单个或成对分排于圆筒状卵囊袋内 ·············· 小鲵科 Hynobiidae

   犁骨齿呈"Λ"字形,卵单生 ·············· 蝾螈科 Salamandridae

(一) 小鲵科 Hynobiidae

山溪鲵属 Batrachuperus

体较大;唇褶明显或弱;舌长椭圆形;颈褶和肋沟不甚显著;指、趾各4个;尾鳍褶一般较为发达,极侧扁。犁骨齿2短列,相距远,呈"八"形;

北方山溪鲵 B. tibetanus

尾粗壮,呈圆柱状;眼径大于眼前角至鼻孔间的距离;前颌骨间有囟门;上唇褶发达,覆盖下唇褶;掌、蹠部无角质鞘;体背面有细麻斑或无斑。

（二）隐鳃鲵科 Cryptobranchidae

大鲵属 *Andrias*

成体无鳃孔；体大，全长一般 1 m 左右。头骨扁平，长宽几相等；鼻骨与上颌骨相触，额骨前端深度分叉，不入外鼻孔；鳃弧 3 对。

大鲵 *A. davidianus*

头躯扁平，尾侧扁；鼻间距为眼间距的 1/3 或 1/2；体侧每 2 个小疣粒紧密排列成对；上唇褶清晰。

（三）蝾螈科 Salamandridae

疣螈属 *Tylototriton*

皮肤粗糙，满布瘰粒和疣粒，有的体侧瘰粒或疣粒连续隆起成纵行。头扁平而短宽，无唇褶，头侧骨质脊棱明显，背正中脊棱明显。指、趾无蹼，尾一般侧扁较长。

文县疣螈 *T. wenxianensis*

体侧瘰粒几乎连成纵行，彼此分界不清；体腹面疣粒与背面疣粒大小较为一致，且不成横缢纹状；肛裂周缘颜色与体色同。

二、无尾目 Anura

无尾目分科检索

1. 左、右上喙骨相互重叠，肩带可以左右交错运动 ················· 2

   左、右上喙骨紧密连接或合并，肩带不能左右交错运动 ········· 4

2. 尾杆骨髁 1 个，或荐椎后端与尾杆骨愈合；一般趾蹼不发达

   ································ 角蟾科 Megophryidae

尾杆骨髁2个；一般趾蹼较发达 …………………………… 3

3. 指、趾末两节间无介间软骨；上颌无齿，一般有耳后腺

………………………………………… 蟾蜍科 Bufonidae

指、趾末两节间有介间软骨；上颌有齿，无耳后腺

………………………………………………… 雨蛙科 Hylidae

4. 荐椎横突为柱状 …………………………………………… 5

荐椎横突宽大 ………………………… 姬蛙科 Microhylidae

5. 指、趾末两节无介间软骨 ………………… 蛙科 Ranidae

指、趾末两节有介间软骨，一般在指趾末节背面可以看到"Y"形

骨 ………………………………… 树蛙科 Rhacophoridae

（四）角蟾科 Megophryidae

角蟾科分属检索

1. 吻端不成盾形，吻棱不成棱角状；蝌蚪口部不成漏斗状，有唇齿和
角质颌。舌骨体中部有"Y"形副舌骨残迹 ………………… 2

吻端成盾形，吻棱成棱角状；如不成上状，其蝌蚪口部也成漏斗
状，无唇齿和角质颌。舌骨体中部无副舌骨残迹

…………………………………………… 角蟾属 *Megophrys*

2. 内掌突大圆而高，位第一、第二指基部下方，几乎占手掌之半；蝌蚪
体两侧有囊状膨大、唇齿行少而短 …… 掌突蟾属 *Paramegophrys*

内掌突椭圆形，位第一指基部及掌内侧；蝌蚪体侧无囊状膨大，唇
齿行多而长 ………………………………………………… 3

3. 上颌齿均显著；一般有鼓膜（多隐蔽）和鼓环；有股腺；雄性胸部只
有1对刺团；上颌骨与方轭骨重叠 ………… 齿蟾属 *Oreolalax*

上颌无齿或有稀疏小齿突或较显；均无鼓膜及鼓环；一般无股腺；
雄性胸部刺团2对或1对；一般上颌骨与方轭骨不连接，如果相

连或有股腺,则雄性胸部有2对刺团 ········ 齿突蟾属 Scutiger

角蟾属 Megophrys

鼓膜显著 ················· 巫山角蟾 M. wushanensis

鼓膜隐蔽或无 ············ 南江角蟾 M. nankiangensis

掌突蟾属 Leptolalax

峨山掌突蟾 L. oshanensis

吻端钝圆,略突出于下唇;鼓膜大而圆,约为眼径2/3;上颌齿发达,无犁骨齿;股后腺至膝关节间距大于吻长,胸、腹部几乎无斑纹;蝌蚪尾部无斑点。

齿蟾属 Oreolalax

1. 雄性指上婚刺大而稀疏 ············· 宝兴齿蟾 O. popei

   雄性指上婚刺细密 ································ 2

2. 整个腹面有深色麻斑;雄性腹部有小黑刺

   ·························· 大齿蟾 O. major

   整个腹面无任何斑纹或局部有灰色斑;雄性腹部无黑刺

   ····················· 川北齿蟾 O. chuanbeiensis

齿突蟾属 Scutiger

1. 体形窄长,不肥硕;雄性体背面满布刺疣,内侧3指具婚刺,胸部刺团2对,外侧1对略小于内侧1对 ············· 2

   体形浑圆而肥硕;雄性体背面较光滑或有大疣,疣上无黑刺,仅内侧2指具婚刺,胸部刺团1对,如果为2对,则外侧1对远小于内侧1对 ············· 胸腺猫眼蟾 S. glandulatus

2. 雄性上臂及前臂内侧有黑刺········· 平武齿突蟾 S. pingwuensis

   雄性上臂及前臂内侧无黑刺 ········· 西藏齿突蟾 S. boulengeri

（五）蟾蜍科 Bufonidae

蟾蜍属 *Bufo*

瞳孔水平,舌椭圆形或梨形;后端无缺刻;指间无蹼(个别种有),趾间蹼发达或无;指、趾末端正常或略膨大;外侧蹠间无蹼;皮肤粗糙具大小瘰疣;耳后腺大;无犁骨齿。

1. 背面花斑显著;雄性有声囊 ……………………… 花背蟾蜍 *B. raddei*
   背面无显著花斑;雄性无声囊 ……………………………………… 2
2. 无跗褶,成体瘰粒多而密,腹面及体侧无土红色花斑
   ……………………………………… 中华蟾蜍 *B. gargarizans*
   有跗褶,成体瘰粒少而稀疏,体侧一般有土红色斑
   ……………………………………… 华西蟾蜍 *B. andrewsi*

（六）姬蛙科 Microhylidae

姬蛙科分属检索

皮肤薄;雄蛙腹面无厚腺体;前喙骨及肩胸骨均消失;前肢细弱;
   体长 40 mm 以下 ……………………… 狭口蛙属 *Kaloula*
皮肤厚;雄蛙腹面有厚腺体,前喙骨及肩胸骨小;前肢较发达;体
   长一般在 40 mm 以上 ……………………… 姬蛙属 *Microhyla*

狭口蛙属 *Kaloula*

除第四趾蹼外,其余各趾均为半蹼;雄蛙指端背面无骨质疣突,仅
   胸部有皮肤腺 ……………………… 北方狭口蛙 *K. borealis*
趾蹼发达;雄蛙指端背面有骨质疣突,胸腹部均有皮肤腺
   ……………………………………… 四川狭口蛙 *K. rugifera*

姬蛙属 *Microhyla*

体背面有重叠相套的若干粗细相间的"^"形斑,整个背面花斑色
彩醒目美丽 ·················· 花姬蛙 *M. pulchra*
体背面"^"形斑少,其第一"^"形斑始自两眼间,斜向体后两侧,色
彩不甚美丽 ·················· 饰纹姬蛙 *M. ornata*

(七)树蛙科 Rhacophoridae

泛树蛙属 *Polypedates*

体型中等;背面皮肤光滑或具小痣粒;前臂、跟部和肛上方无明
显皮肤褶;舌后部缺刻深;鼓膜明显;指间无蹼或仅有蹼迹,趾间约
为半蹼,一般外侧蹠间蹼不发达。

斑腿泛树蛙 *P. leucomystax*

背前部多有"X"形深色斑,股后有网状花斑;第四趾外侧蹼达
远端第二、三关节下瘤之间;雄蛙有一对咽侧下内声囊,犁骨齿强,
舌后端缺刻深;鼓膜明显。

(八)雨蛙科 Hylidae

雨蛙属 *Hyla*

瞳孔横置,舌卵圆且大,后端微有缺刻,鼓膜显著或隐蔽;背面
皮肤多光滑无疣;指、趾末端多膨大成吸盘,有边缘沟;指间无蹼或
有蹼迹,趾间有蹼,外侧蹠间无蹼。

秦岭雨蛙 *H. tsinlingensis*

体长在 40 mm 左右;吻端和头侧有镶细黑线的棕色斑,体侧斑
点多,一般呈镶嵌式;吻棱明显;鼓膜圆而清晰;犁骨齿两小团,略呈
圆形;蝌蚪肛孔位右侧。

(九)蛙科 Ranidae

蛙科分属检索

1. 指、趾末端形成宽阔的大吸盘,其背面有横凹痕,有边缘沟,如果吸盘不宽大,其背面无横凹痕;蝌蚪体腹面口的后方有大吸盘
 ·· 湍蛙属 *Amolops*
 指、趾末端尖或稍膨大成球状,或形成小吸盘,其宽度一般不大于下面指节宽的2倍,其背面无横凹痕,无边缘沟;蝌蚪体腹面无大吸盘 ·· 2
2. 鼻骨大,左、右相接触;肩胸骨基部深度分叉呈"八"形,如果不分叉,则雄蛙胸部或胸腹部具黑刺群或肛部隆起呈泡状,趾端圆球状或钝尖而无沟 ································· 5
 通常鼻骨小,左、右不相接触或仅前部相接;肩胸骨基部不分叉或浅度分叉,不分叉者,则其趾末端具吸盘和腹侧沟 ·········· 3
3. 趾末端不呈吸盘状,即使略膨大,其腹侧无沟 ·········· 4
 趾末端呈吸盘状,即使不明显膨大,其腹侧有沟
 ·· 臭蛙属 *Odorrana*
4. 背侧褶细;鼓膜部位有深色三角斑;雄蛙第一指背面均具分团的婚垫;第一掌骨粗大有瘤状物;鼻骨小,左、右内缘间距宽;上胸软骨一般远小于剑胸软骨,后者后端无缺刻 ····· 林蛙属 *Rana*
 背侧褶宽厚;鼓膜部位无深色三角斑;雄蛙第一指仅基部背面具婚垫,不分团;掌骨正常;鼻骨大,左、右内缘相切或间距窄;上胸软骨略大于或等于剑胸软骨,后者后端有缺刻
 ·· 侧褶蛙属 *Pelophylax*
5. 雄蛙胸部有刺团1对,刺细密不呈锥状;肛内壁无刺,肛部无隆状泡起;两额顶骨之间间隙宽 ················· 倭蛙属 *Nanorana*

雄蛙胸部或胸腹部刺大而稀疏,呈锥状;如果前述部位无刺者,则肛
　　　内壁有刺或肛部有隆状泡起;两额顶骨相接,其间无间隙 …… 6
6.体形较为肥硕;背面皮肤不甚粗糙;雄蛙前肢不粗壮,前臂或指上
　　或胸、腹部无黑刺 …………………………………… 隆肛蛙属 Feirana
　　体形甚肥硕;皮肤粗糙;雄蛙前肢很粗壮,不粗壮者则体长在50 mm
　　以下;雄蛙臂部内侧或指上或胸、腹部有黑刺
　　　…………………………………………………………… 棘蛙属 Paa

林蛙属 Rana

1.有背侧褶 ……………………………………………………… 2
　　无背侧褶 ………………………………… 泽陆蛙 R. limnocharis
2.背侧褶在鼓膜上方斜向外再折向中线后达胯部
　　…………………………………………… 中国林蛙 R. chensinensis
　　背侧褶笔直,自眼后直达胯部 ………………… 日本林蛙 R. japonica

侧褶蛙属 Pelophylax

黑斑侧褶蛙 P. nigromaculata

　　雄蛙有一对颈侧外声囊,肩上方无扁平腺体。吻棱不明显,鼻
间距等于眼睑宽;鼓膜大而明显,近圆形;具犁骨齿;舌宽厚,后端缺
刻深。前肢短,指末端钝尖。

臭蛙属 Odorrana

　　雄蛙无声囊;腹面具有小白刺组成的刺团
　　…………………………………………… 绿臭蛙 R. margaretae
　　雄蛙有声囊;腹部无小白刺 ………………… 花臭蛙 R. schmacheri

棘蛙属 Paa

棘腹蛙 P. boulenger

吻端圆,略突出于下唇,吻棱略显;眼间距与鼻间距几乎等宽;

鼓膜略显；犁骨齿短，呈"\/"形；舌椭圆形，后端缺刻深。

隆肛蛙属 *Feirana*

隆肛蛙 *F. quadrana*

体侧有黄色斑纹；背部的大小疣粒较分散；趾间满蹼；雄蛙指上无婚刺；无声囊。吻圆稍突出于下唇缘；吻棱明显；犁骨齿发达；舌大，后端缺刻深。

倭蛙属 *Nanorana*

倭蛙 *N. pleskei*

鼓膜小或鼓环清晰；指、趾关节下瘤不显；背面有镶浅色边缘的深棕色或黑褐色椭圆形大斑；腹面无斑点；无犁骨齿；舌椭圆形，后端游离有缺刻。

湍蛙属 *Amolops*

有背侧褶；鼓膜大而明显，大于第三趾吸盘

······ 崇安湍蛙 *A. chunganensis*

无背侧褶；鼓膜小，体背面绿色杂以棕色花斑

······ 四川湍蛙 *A. mantzorum*

爬行纲 REPTILIA

甘肃省分布有65种,隶属3目10科38属。

爬行纲动物形态特征和量度

(一)龟鳖类

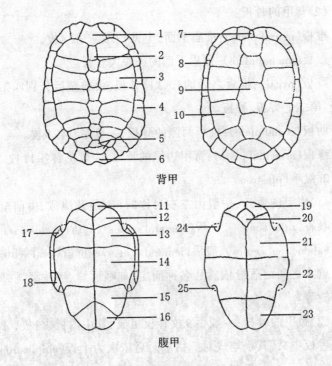

背甲

腹甲

图3-1 龟甲骨板及盾片模式图

1. 颈板	2. 椎板	3. 肋板	4. 缘板	5. 臀前板
6. 臀板	7. 颈盾	8. 缘盾	9. 椎盾	10. 肋盾
11. 咽盾	12. 肱盾	13. 胸盾	14. 腹盾	15. 股盾
16. 肛盾	17. 腋盾	18. 胯盾	19. 上腹板	20. 内腹板
21. 舌腹板	22. 下腹板	23. 剑腹板	24. 腋凹	25. 胯凹

1. 背甲(carapace)

(1)背甲的盾片:

椎盾(vertebral scutes):背甲正中的一列盾片,一般为5枚。

颈盾(nuchal scutes):椎盾前方,嵌入左右缘盾之间的一枚小盾片。

肋盾(costal scutes):椎盾两侧的宽大盾片,一般每侧各4枚。

缘盾(marginal scutes):肋盾外侧、背甲边缘的小盾片,一般左右各12枚,背甲后缘正中的一对缘盾亦称为臀盾(pygal scutes)。

(2)背甲的骨板:

椎板(neural plate):椎盾下面,中央一列,一般8枚。

颈板(nuchal plate):颈盾下面的一块大骨板。

臀板(pygal):椎板之后的1~3枚骨板,由前至后分别叫第一上臀板、第二上臀板、臀板。

肋板(costal plate):椎板两侧的骨板,一般左右各8枚。

缘板(marginal plate):背甲边缘的骨板,一般左右各11枚。

2. 腹甲(plastron)

(1)腹甲的盾片:一般由左右对称的6对盾片组成,由前至后依次为喉盾(gular scutes)、肱盾(humeral scutes)、胸盾(pectoral scutes)、腹盾(abdominal scutes)、股盾(femoral scutes)和肛盾(anal scutes)。

盾片之间的盾缝依盾片名称而定,如喉盾缝、喉肱缝、肱盾缝、肱胸缝等。

(2)腹甲的骨板:一般由9枚骨板组成,其中内板为1枚,介于上板与舌板中央,其余均成对。由前至后依次为上板(epiplastron)、内板(entoplastron)、舌板(hyoplastron)、下板(hypoplastron)、剑板(xiphiplastron)。

骨板之间的骨缝依骨板的名称而定,如上板缝、上舌缝、舌板缝、舌下缝等。

(3)甲桥(bridge):甲桥为腹甲的舌板、下板伸长与背甲以韧带或骨缝相连的部分,主要有:

腋盾(axillary scutes):腋凹处的1枚小盾片。

胯盾(inguinal scutes):又称鼠蹊盾,胯凹处的1枚小盾片。

下缘盾(inframarginal scutes):位于腹甲的胸盾、腹盾与背甲的缘盾之间的数枚小盾片。

(二)蜥蜴亚目分类常用名词术语

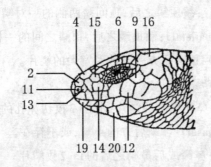

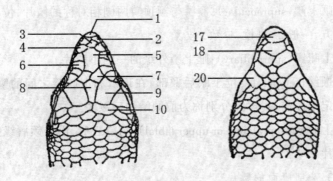

图3-2 蜥蜴头部鳞片示意图

1. 吻鳞	2. 上鼻鳞	3. 额鼻鳞	4. 前额鳞	5. 额鳞
6. 眶上鳞	7. 额顶鳞	8. 顶间鳞	9. 顶鳞	10. 颈鳞
11. 鼻鳞	12. 上唇鳞	13. 后鼻鳞	14. 颊鳞	15. 上睫鳞
16. 颞鳞	17. 颏鳞	18. 后颏鳞	19. 下唇鳞	20. 颏鳞

1. 头背面的鳞片：

吻鳞(rostral):吻端中央的单枚鳞片。

上鼻鳞(supranasal):吻鳞后方,左右鼻鳞之间的成对鳞片。

额鼻鳞(fronto-nasal):吻鳞正后方单枚或成对的鳞片。

前额鳞(prefrontal):额鼻鳞后方的一对(多于一对或单枚)鳞

片,彼此相接或分离。

额鳞(frontal):额鼻鳞正后方、两眼之间的一枚长形鳞片。

额顶鳞(fronto-parietal):额鳞后的一对鳞片。

顶鳞(parietal):额顶鳞之后,顶间鳞两侧的一对鳞片。

顶间鳞(interpafietal):额顶鳞之后,顶鳞之间的一枚鳞片。

颈鳞(nuchal):顶鳞后方一至数对宽大的鳞片。

2. 头部侧面的鳞片:

鼻鳞(nasal):鼻孔周围的鳞片,由1~3枚切鼻孔的鳞片组成。

后鼻鳞(postnasal):鼻鳞后方的小鳞,或不存在。

颊鳞(loreal):鼻鳞或后鼻鳞之后的1~2枚鳞片。

眶上鳞(supraocular):额鳞与额顶鳞两侧相对称的鳞片,位于眼眶上方,一般2~4枚,少数5枚。

上睫鳞(supraciliary):眶上鳞外缘的一列小鳞片。

颞鳞(temporal):位于眼后颞部,在顶鳞和上唇鳞之间的鳞片;按一定顺序前后排列,分别称为前颞鳞和后颞鳞。

上唇鳞(supralabial or upper labial):吻鳞之后,沿上颌唇缘排列的鳞片。

3. 头部腹面的鳞片:

颏鳞(mental):下颌前端正中的一枚大鳞,与吻鳞对应。

后颏鳞(postmental):颏鳞正后方的鳞片;前后排列,或单枚或不存在。

下唇鳞(infralabial or lower labial):自颏鳞之后,沿下颌唇缘排列的鳞片。

颌片(chin-shield):颏鳞(或后颏鳞)后方左右对称排列的鳞片,位于下唇鳞内侧,通常为2~4对。

4. 鳞片的各种类型:

方鳞(square scale):身体腹面近于方形的大鳞片。

圆鳞(cycloid scale):身体背腹面近于圆形的大鳞片。

粒鳞(granules):鳞小而略圆,平铺排列。

疣鳞(tubercles):分布在粒鳞间的粗大疣状鳞片。

棱鳞(keeled scale):鳞片上面具有突起的纵棱。

鬣鳞(crest scale):位于颈背中央,成一纵行竖立侧扁的鳞片。

脊鳞(vertebrals):沿背中线一行或多行略为扩大的鳞片。

5.其他术语:

肛前窝(preanal pore):在肛前的部分鳞片上的小窝,形成一横排。

鼠蹊窝(inguinal pore):在鼠蹊部的部分鳞片上的小窝,1至数对。

股窝(femora pore):在股部腹面部分鳞片上的小窝,由几对到几十对排列成行。

耳孔瓣突(auricular lobules):耳孔边缘鳞片突出部分形成的叶状物。

喉褶(gular fold):喉部横行的皮肤褶,褶缘被细鳞。

喉囊(gular pouch):喉部皮肤延伸形成的囊状结构。

指(趾)下瓣(subdigital lamella):在指(趾)腹面排列成行的皮肤褶襞。

栉状缘(digital fringe):指(趾)侧缘的鳞片突出形成的锯齿状结构。

(三)蛇亚目分类常用名词术语

1.头部的鳞片

(1)头背面的鳞片:

吻鳞(rostral):位于吻端正中的一枚鳞片,其下缘(唇缘)一般有缺凹,口闭合时,细长而分叉的舌可经此缺凹伸出。

鼻间鳞(internasal):左右鼻鳞之间的鳞片,正常1对。

前额鳞(prefrontal):鼻间鳞后方的大鳞片,一般1对,少数单枚或多枚。

额鳞(frontal):前额鳞正后方、左右眶上鳞之间的单枚大鳞。

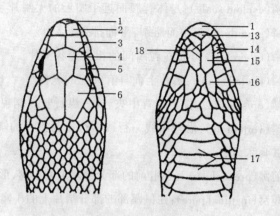

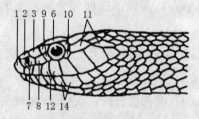

图 3-3　蛇头部鳞片示意图

1. 吻鳞	2. 鼻间鳞	3. 前额鳞	4. 额鳞	5. 顶鳞
6. 眶上鳞	7. 鼻鳞	8. 颊鳞	9. 眶前鳞	10. 眶后鳞
11. 颞鳞	12. 上唇鳞	13. 颏鳞	14. 下唇鳞	15. 前颏鳞
16. 后颏鳞	17. 颏沟	18. 腹鳞		

眶上鳞(supraocular)：位于眼眶上缘，额鳞的两侧。正常每侧1枚。

顶鳞(parietal)：位于额鳞及眶上鳞后方的一对鳞片。

（2）头侧面的鳞片：

鼻鳞(nasal)：位于吻的两侧，鼻孔开于其上的鳞片。

颊鳞(loreal or frenal)：介于鼻鳞与眶前鳞之间较小的鳞片，通常1枚。

眶前鳞(preocular)：位于眼眶前缘，1至数枚。

眶后鳞(postocular)：位于眼眶后缘，1至数枚。若没有眶后鳞颞鳞入眶。

眶下鳞(subocular):多数种类没有,由部分上唇鳞参与构成眼眶下缘。如有眶下鳞时,或者成一长条,完全构成眼眶下缘;或者较小,靠近眼前下方(眶前下鳞)或眼后下方(眶后下鳞)。

颞鳞(temporal):眼眶之后,介于顶鳞和上唇鳞之间,一般可分为前后2列或3列。其数目可以式表示,如1+2,表示前颞鳞1枚,后颞鳞2枚。

上唇鳞(supralabial or upper labial):吻鳞之后,上颌唇缘的鳞片。数目多少,是否入眶及入眶的鳞数,有鉴别意义。如上唇鳞式写作3-2-4,表示每侧上唇鳞有9枚,第四、五枚入眶,其前后分别有3及4枚上唇鳞。

(3)头腹面的鳞片:

颏鳞(mental):下颌前缘正中的一枚鳞片。略呈三角形,其位置与吻鳞相对应。

颔片(chin-shield):亦称颏片,位于颏鳞之后,左右下唇鳞之间的成对狭长鳞片。一般为两对,分别称前颔片和后颔片。前颔片左右两枚常是彼此相接,后颔片左右两枚常有小鳞介于其间。左右颔片之间的鳞沟,叫颔沟。

下唇鳞(infralabial or lower labial):颏鳞之后,下颌唇缘的鳞片。

2. 躯干及尾部的鳞片:

腹鳞(ventral):躯干腹面、肛鳞之前正中的一行较宽大的鳞片。

肛鳞(anal):紧覆于泄殖孔之外的鳞片。2枚或1枚。

背鳞(dorsal):被覆躯干部除腹鳞和肛鳞外的鳞片。背鳞排列前后略呈纵行。计数时取颈部、中段及肛前的行数。

尾下鳞(subcaudal):一般为双行,左右交错排列,其数目以对数计算,但尾尖1枚成单;少数种类单行。

爬行纲分目检索

1. 体短而扁平,背腹有骨质硬甲;四肢粗壮侧出,少数成桨状,指、趾各有5枚,爪不全备;交接器单枚,两颚无齿,颚缘有角质鞘。无顶孔,亦无颞窝 ……………………… 龟鳖目 Testudoformes
   体、尾都长,表面被覆鳞片,背、腹无大型骨质硬甲;四肢不成桨状,指、趾各5枚,有爪;除喙头蜥有顶眼外,其他种类只有顶孔及其遗迹;有颞窝 …………………………………………… 2

2. 四肢大都存在,偶有缺失时亦必有带骨;腹鳞与背鳞相似;有活动性眼睑及鼓膜;有胸骨及剑胸骨 ……… 蜥蜴目 Lacertiformes
   四肢退化,或在泄殖孔两侧留有一对爪状后肢残迹,无肩带;腹鳞较背鳞大;无活动性眼睑,也无鼓膜;无胸骨,肋骨末端游离 ………………………………………… 蛇目 Serpentiformes

一、龟鳖目 Testudoformes

龟鳖目分科检索

背、腹甲的表面被覆革质柔软皮肤 ……………… 鳖科 Trionychidae
背、腹甲的表面被覆角质坚韧盾片 ……………… 龟科 Emydidae

(一) 鳖科 Trionychidae

鳖属 *Pelodiscus*

头颅较隆起,两颚粗壮;椎板8枚,肋板8对,最后12对肋板常在中缝相接;成体腹甲胼胝体不超过5处;吻突长如眼裂;幼体背盘有纵行细瘰粒;四肢外露,尾短。

鳖 *P. sinensis*

淡水生,无角质盾片;体色基本一致,无鲜明的淡色斑点;颈基两侧及背甲前缘均无明显的瘰粒或大疣;腹部可有7个胼胝体。

(二)龟科 Emydidae

乌龟属 *Chinemys*

枕部覆以细鳞;椎板六边形,其短边在前;腹甲与背甲以骨缝相连;腋盾与胯盾长大;腹板具发达的腋柱和胯柱;趾间全蹼,尾中等长。

乌龟 *C. reevesii*

头中等大;吻端向内侧下斜切;喙缘的角质鞘较薄弱;下颚左右齿骨间的交角小于90°;背甲具3条纵棱。

二、蜥蜴目 Lacertiformes

蜥蜴目分科检索

1. 头背无对称排列的大鳞 ·················· 2
  头背有对称排列的大鳞 ·················· 3
2. 通身被覆平砌的粒鳞,或粒鳞间杂有稍大的疣鳞
  ·················· 壁虎科 Gekkonidae
  通身不是粒鳞,而是均匀一致或大小不等的棱鳞或平滑鳞片
  ·················· 鬣蜥科 Agamidae
3. 腹面被方鳞,有股孔或鼠蹊孔 ·········· 蜥蜴科 Lacertidae
  腹面被圆鳞,无股孔或鼠蹊孔 ·········· 石龙子科 Scincidae

（三）壁虎科 Gekkonidae

壁虎科分属检索

1. 指、趾不扩展或略扩展，指、趾下面具鳞 ························· 2
   指、趾显著扩展，指、趾下面具攀鳞 ············ 壁虎属 *Gekko*
2. 指、趾腹面被粒鳞，指、趾侧栉缘显著；背被覆瓦状大鳞
   ··· 沙虎属 *Teratoscincus*
   指、趾腹面的鳞较宽，指、趾侧无栉缘；背部粒鳞间杂以较大的疣
   鳞 ··· 3
3. 趾端两或三指、趾节侧扁，与指、趾基部成一弯角；爪位于 2 枚大
   鳞之间 ······························· 弯脚虎属 *Cyrtopodion*
   指、趾直；爪上下方不被大鳞 ··········· 漠虎属 *Alsophyltax*

沙虎属 *Teratoscnicus*

新疆沙虎 *T. przewalskii*

体粗壮而略扁平；四肢健壮，尾粗短；吻钝尖，头大；眶间鳞约
48～58 列；耳孔大而显著，耳径大于眼径之半。

弯脚虎属 *Cyrtopodion*

长弯脚虎 *C. elongatus*

头背面被较大的粒鳞，体背具棱疣鳞；鼻鳞 2 枚，明显扩大；雄
性具肛前孔 4～7 个；吻长为眼径之两倍，耳孔直径不及眼径之半。

漠虎属 *Alsophyltax*

扩大的鼻鳞 1 枚，无副鼻鳞，体背面疣鳞圆，排列不规则或呈短纵
列；背面具褐色横斑 ····················· 隐耳漠虎 *A. ipiens*
除大鼻鳞外，鼻孔边缘有较小的副鼻鳞 1 枚；体背面疣鳞椭圆，成
纵列或横列；背面不具宽横斑 ·········· 新疆漠虎 *A. przewalskii*

壁虎属 *Gekko*

趾基部无蹼;体背面粒鳞较大,疣鳞扁而稀

·· 无蹼壁虎 *G. swinhonis*

趾基部有蹼;体背面粒鳞较小,疣鳞较高而密

·· 多疣壁虎 *G. japonicus*

(四)鬣蜥科 Agamidae

鬣蜥科分属检索

1. 趾外侧具栉状缘;上下眼睑游离缘鳞片向外突出;鼻孔具瓣膜,能

   关闭 ·································· 沙蜥属 *Phrynocephalus*

   不具备上述结构 ··· 2

2. 体背腹扁平;无鬣鳞;雄性腹部或肛前有胼胝鳞

   ·· 岩蜥属 *Laudakia*

   体侧扁;常有鬣鳞;雄性无胼胝鳞 ················ 龙蜥属 *Japalura*

岩蜥属 *Laudakia*

新疆岩蜥 *L. stoliczkana*

尾部鳞片排列成环,每4环组成一节;体侧鳞远小于背鳞;指、趾及爪发达,尾圆柱形;耳孔较大,略小于眼径,无外耳道,鼓膜位于表面。

龙蜥属 *Japalura*

1. 有喉褶 ··· 2

   无喉褶 ·································· 米仓山龙蜥 *J. micangshanensis*

2. 鼻鳞与吻鳞间相隔2枚小鳞,鼻鳞与第一上唇鳞间相隔1或2枚

   小鳞;尾长不到头体长的2倍(雄蜥偶有超过二倍者);眼眶四

   周有黑色辐射纹 ·························· 草绿龙蜥 *J. flaviceps*

鼻端与吻鳞间相隔1枚小鳞,鼻鳞与第一上唇鳞相接或间隔1枚小鳞;尾长超过头体长的2倍眼眶四周无黑色辐射纹

·················· 丽纹龙蜥 *J. splendida*

沙蜥属 *Phrynocephalus*

1. 鼻孔间隔大,约与鼻孔至眼前褶的长度大致相等;鼻间鳞4～6(5～7)枚 ·············· 青海沙蜥 *P. vlangalii*

   鼻孔间隔小于鼻孔至眼前褶的长度;鼻间鳞不超过4(5)枚········· 2

2. 具红色腋斑,鼻间鳞2～3枚,尾背有黑色横纹,尾梢腹面白色

   ··················· 叶城沙蜥 *P. axillaris*

   鼻间鳞3枚以上,尾梢腹面黑色 ············· 3

3. 背鳞具棱,尾稍腹面黑色,向前成环纹 ············· 4

   背鳞平滑,四肢背面具明显的深色横纹,尾后部腹面黑色

   ··················· 变色沙蜥 *P. versicolor*

4. 背鳞间有深色向上翘的鳞丛,腋后橘黄色

   ··················· 草原沙蜥 *P. frontalis*

   背鳞间无向上翘的鳞丛,腋后无橘黄色

   ··················· 荒漠沙蜥 *P. przewalskii*

(五)蜥蜴科 Lacertidae

蜥蜴科分属检索

背部和体侧被棱鳞;有鼠蹊孔1～5对 ········ 草蜥属 *Takydromus*

背、腹均被平滑的粒鳞;有股孔5对以上············ 麻蜥属 *Eremias*

草蜥属 *Takydromus*

北草蜥 *T. septentrionalis*

背部棱鳞通常6行,腹鳞8行且起棱;尾长为头体长的2～3倍

以上;背面棕绿色。鼓膜上有一枚狭而长的鼓鳞;尾鳞强棱,尾基背面具非常硬的脊。

麻蜥属 *Eremias*

1. 两侧股孔列在肛孔前相距甚窄,仅隔3～5枚鳞片 ·········· 2
   两侧股孔列在肛孔前相距甚宽,相隔7～13枚鳞片 ·········· 3
2. 腹部一横列鳞12～16枚;背纹自颈往后延续常呈条状或短皱
   ····················· 快步麻蜥 *E. velox*
   腹部一横列鳞8～20枚;背纹断裂而弯曲或至少在中部之后呈虫纹状 ····················· 虫纹麻蜥 *E. vermiculata*
3. 前眶上鳞大于后眶上鳞 ····················· 4
   前眶上鳞较后眶上鳞短小 ····················· 5
4. 背纹横形宽阔,不联结成纵纹
   ····················· 荒漠麻蜥 *E. przewalskii*
   背纹至少在前部呈纵纹状,体侧有2纵列黑缘圆斑
   ····················· 密点麻蜥 *E. multiocellata*
5. 额鼻鳞单枚;腹部一横列鳞16～20枚 ·········· 敏麻蜥 *E. arguta*
   额鼻鳞成对;腹部一横列鳞12～14(15)枚
   ····················· 丽斑麻蜥 *E. argus*

(六)石龙子科 Scincidae

石龙子科分属检索

1. 有上鼻鳞,鼻孔介于两枚鼻鳞之间 ·········· 石龙子属 *Eumeces*
   无上鼻鳞 ····················· 2
2. 下眼睑被鳞 ····················· 蜓蜥属 *Sphenomorphus*
   下眼睑具睑窗 ····················· 滑蜥属 *Scincella*

石龙子属 *Eumeces*

黄纹石龙子 *E. xanthi*

有后鼻鳞;颈鳞2对;后颏鳞2枚;第2列上颞鳞的上下缘几平行,第2列下颏鳞扇形;股后及肛后各有一团大鳞;生活时背面棕褐色,体侧棕色,背部有五条浅色纵线(幼体白色)。

蜓蜥属 *Sphenomorphus*

铜蜓蜥 *S. indicus*

背面古铜色,背脊有一条黑脊纹,体两侧各有一黑色纵带,其上不间杂白色斑点或点斑,纵带上缘镶以浅色窄纵纹;环体中段鳞行一般34～38行,第Ⅳ趾指下瓣6～22枚。

滑蜥属 *Scincella*

尾下面有黑色斑点;前颌齿多为9枚

　　　……………………………………… 康定滑蜥 *S. potanini*

尾下面无黑色斑点;前颌齿多为8枚

　　　……………………………………… 秦岭滑蜥 *S. tsinlingensis*

三、蛇目 Serpentiformes

蛇目分科检索

1. 有冠状骨,前额骨与鼻骨相接;有后肢残余,在肛门两侧呈爪状构造,雄性尤明显 ……………………… 蟒科 Boidae

　无冠状骨;没有后肢残余 ……………………………………… 2

2. 上颌骨前端无毒牙 ……………………… 游蛇科 Colubridae

　上颌骨前端有毒牙(沟牙或管牙) ……………………………… 3

3. 上颌骨较短,不能活动,前端具沟牙,其后有或无较小的上颌齿
·················· 眼镜蛇科 Elapidae
上颌骨极短,可以活动,其上仅着生1枚管牙(及预备牙)
·················· 蝰科 Viperidae

(七)蟒科 Boidae

沙蟒属 *Eryx*

体型较小,头颈不分明,头背被覆细鳞,吻鳞大,无唇窝,眼小,瞳孔直立。上下颌齿前长后短。背鳞小而平滑,腹鳞窄,尾甚短,尾下鳞单行。

红沙蟒-东方沙蟒复合体 *E. miliaris-tataricus*

体背面淡褐色和砖红色,具黑褐色横斑;腹面灰白色,有黑点;头部均为小鳞片;体被小鳞片,泄殖孔两侧有爪状后肢残余。

(八)游蛇科 Colubridae

游蛇科分属检索

1. 上颌骨后端牙齿不特别大,即使较大,亦无沟,不是沟牙 ········ 2
上颌骨后端有2～3枚牙齿特大,表面有沟,是沟牙 ·········· 17
2. 头腹前部中央的颔片一般有3对,左右不对称,其间无颔沟
·················· 钝头蛇属 *Pareas*
头膜前部中央的颔片一般有2对,左右对称排列,其间形成颔
沟 ··················· 3
3. 尾下鳞单行(或个别成对)·············· 脊蛇属 *Achalinus*
尾下鳞双行(或个别成单)··················· 4
4. 前段背鳞明显呈斜行 ····················· 5
通体背鳞均不呈斜行 ····················· 6

5. 中段背鳞17~19行,肛前15或17行;肛鳞二分

　　………………………… 斜鳞蛇属 *Pseudoxenodon*

　　背鳞通身15行;肛鳞完整 ………… 颈斑蛇属 *Plagiopholis*

6. 背鳞行为偶数(16或14)……………… 乌梢蛇属 *Zaocys*

　　背鳞行为奇数 …………………………………………… 7

7. 吻鳞甚高,弯向吻背,从头背可见部分的长度往往等于或大于它

　　到额鳞的距离 ………………………… 小头蛇属 *Oligodon*

　　吻鳞不特别高,从头背可见部分小于它到额鳞的距离 ……… 8

8. 颞鳞较小,呈3列或不规则 ………… 游蛇属 *Coluber*

　　颞鳞较大,一般呈前后2列 ………………………………… 9

9. 中段背鳞15行 ………………………………………… 10

　　中段背鳞15行以上 …………………………………… 11

10. 颈背正中有一明显颈槽………… 颈槽蛇属(部分)*Rhabdophis*

　　颈背正中无颈槽 ………………… 翠青蛇属 *Cyclophiops*

11. 中段背鳞17行 ………………………………………… 12

　　中段背鳞17行以上 …………………………………… 14

12. 背鳞通身17行 ……………………… 剑蛇属 *Sibynophis*

　　背鳞不是通身17行 …………………………………… 13

13. 上颌齿为2个齿间隙分为前中后3组,最后一组3枚

　　……………………………………… 链蛇属 *Dinodon*

　　上颌齿为2个齿间隙分为前中后3组,最后一组2枝

　　……………………………………… 白环蛇属 *Lycodon*

14. 中段背鳞19行或更多;眶后鳞2枚 ……… 棉蛇属 *Elaphe*

　　中段背鳞19行,眶后鳞3枚或更多 ………………………… 15

15. 半阴茎分叉,精沟分叉或否 …………………………… 16

　　半阴茎不分叉,精沟亦不分叉 …… 腹链蛇属 *Amphiesma*

16. 精沟不分叉 ………………………… 华游蛇属 *Sinonatrix*

精沟分叉 ……………………………… 颈槽蛇属 *Rhabdophis*

17. 脊鳞扩大；背鳞斜列 ……………………… 林蛇属 *Boiga*

　　脊鳞不扩大；背鳞不斜列或仅前部者略呈斜列

　　…………………………………… 花条蛇属 *Psammophis*

脊蛇属 *Achalinus*

黑脊蛇 *A. splinalis*

　　鼻间鳞沟短于前额鳞沟；颞鳞2+2；下枚前颞鳞入眶甚多；背鳞通身23行，全部起棱或仅两侧最外一行平滑，脊鳞不扩大；腹鳞144～177枚。

腹链蛇属 *Amphiesma*

背鳞通身17行 ………………… 锈链腹链蛇 *A. craspedogaster*

中段背鳞19行 ………………… 棕黑腹链蛇 *A. sauteri*

林蛇属 *Boiga*

绞花林蛇 *B. kraepelini*

　　颞区鳞片较小，脊鳞不扩大或略大于相邻背鳞；肛鳞多二分；没有颊窝，头背具对称大鳞片。

游蛇属 *Coluber*

黄脊游蛇 *C. spinalis*

　　体背橄榄绿褐色，背脊鳞片黄色，具显著黑边，体背色斑明显呈纵纹；背鳞17-17-15行，腹鳞195～200枚，尾下鳞94～97对。

翠青蛇属 *Cyclophiops*

翠青蛇 *C. major*

　　背面纯绿，腹面淡黄绿色；体鳞光滑，背鳞通体15行，肛鳞2枚。

链蛇属 _Dinodon_

赤练蛇 _D. rufozonatum_

背鳞平滑无棱；体黑褐色，有51-87+12-30个红色窄横斑；腹鳞外缘有断续排列的黑斑；颊鳞常入眶。

锦蛇属 _Elaphe_

1. 通身以橡黑色或橄榄棕色为主 ·············· 赤峰锦蛇 _E. anomala_
   头体背面有各种斑纹 ··· 2
2. 体背呈明显的横斑；背鳞中段19行
   ····························· 紫灰锦蛇 _E. prophyracea_
   体背呈明显的纵纹或具菱斑、方斑、圆斑、哑铃状斑或其他斑纹
   ·· 3
3. 体背呈明显的纵纹 ·· 4
   体背具菱斑、方斑、圆斑、哑铃状斑或其他斑纹 ·············· 5
4. 大型蛇类 ····························· 黑眉锦蛇 _E. taeniura_
   体型较小 ····························· 白条棉蛇 _E. dione_
5. 背鳞具强棱 ························· 王锦蛇 _E. carinata_
   背鳞平滑或具弱棱 ··· 6
6. 上唇鳞7片为主；体尾背有30左右鲜明的黑色菱形大斑，菱斑中央色黄，头背有二黑横斑及黑色倒"V"字形斑；腹鳞181～238；成体全长1m以上 ····················· 玉斑锦蛇 _E. mandarina_
   上唇鳞8片为主；体尾背有二行黑褐色粗大点斑左右两两相连，略似哑铃状，腹鳞170～209；成体全长1m之内
   ····························· 双斑锦蛇 _E. bimaculata_

白环蛇属 _Lycodon_

额鳞与眶前鳞相切 ············· 双全白环蛇 _L. fasciatus_

额鳞不切眶前鳞 ·························· 黑背白环蛇 *L. rustati*

小头蛇属 *Oligodon*

横纹小头蛇 *O. multizonatus*

有鼻间鳞及颊鳞,背鳞前中段17行,肛鳞二分,头及颈背有黑色斑纹3条,背面有黑色横纹54～73条。

钝头蛇属 *Pareas*

平鳞钝头蛇 *P. boulengeri*

头体背均为淡褐色,散有深色斑点,头侧各有一条深褐色纵纹;前额鳞入眶,没有眶前鳞,颊鳞入眶甚多,背鳞平滑无棱。

颈斑蛇属 *Plagiopholis*

福建颈斑蛇 *P. styani*

体背棕色,背鳞具不完整的黑色缘,腹鳞及尾下鳞淡黄色;无颊鳞;上唇鳞6,颞鳞2+2。

花条蛇属 *Psammophis*

花条蛇 *P. lineolatus*

背鳞17-17-13行;蛇体细长,尾细长而末端尖;体背灰色,背面色斑呈纵纹数条。

斜鳞蛇属 *Pseudoxenodon*

斜鳞蛇 *P. macrops*

头背有一箭形斑,但其外缘无镶细白线纹;上唇鳞7～8,少数有6;背鳞起棱。19-19(17)-15行,体前段斜行排列。

颈槽蛇属 *Rhabdophis*

中段背鳞15行 ·························· 颈槽蛇 *R. nuchalis*
中段背鳞17～19行 ·························· 虎斑颈槽蛇 *R. tigrina*

剑蛇属 Sibynophis

黑头剑蛇 *S. chinensis*

头部背面黑色,与体背中央黑褐色脊线相连,头腹面黄白色散有黑细斑;体背棕褐色,背正中有一棕褐色鳞片组成的纵线纹。背鳞光滑,通体17行。

华游蛇属 Sinonatrix

华游蛇 *S. percarinata*

山区流溪或水田内的一种中型游蛇,通身具多数环纹,腹面不呈橘红或橙黄色,鼻间鳞前端极窄,鼻孔位于近背侧,通常有2枚上唇鳞入眶。

乌梢蛇属 Zaocys

背中央2～4行鳞起棱;背面绿褐色或橡黑色,背脊两侧两条黑纹纵
贯全身,年老个体体背后部黑纹不显 ……… 乌梢蛇 *Z. dhumnades*
背中央4～6行鳞起棱;背面绿色或黄绿色,背脊两侧二黑纵纹在
体前部有时不显,腹鳞两侧有一黑纵纹
……………………………………… 黑线乌梢蛇 *Z. nigromarginatus*

(九)眼镜蛇科 Elapidae

丽纹蛇属 Calliophis

丽纹蛇 *C. macclellandi*

体形大小及体背色斑与福建丽纹蛇颇相似,但头背黑白横斑相间,不呈倒"V"字形;背鳞平滑,通身13行。

(十)蝰科 Viperidae

蝰科分属检索

1. 头侧眼与鼻孔间没有颊窝 ·············· 白头蝰属 Azemiops
   头侧眼与鼻孔间有颊窝 ······································ 2
2. 头背具9枚大鳞 ················· 亚洲蝮属 Gloydius
   头背被覆小鳞 ·· 3
3. 中段背鳞21行或更少 ····································· 4
   中段背鳞23行或更多 ····································· 5
4. 体色纯绿为主;第2上唇鳞入颊窝 ······· 竹叶青属 Trimeresurus
   体色不是纯绿 ······ 原矛头蝮属一种(菜花原矛头蝮)Protobothrops
5. 中段背鳞23行为主(21～27行);背面棕褐色,有暗褐色城垛状
     纹;第2上唇鳞入或不入颊窝 ············· 烙铁头蛇属 Ovophis
   中段背鳞25行为主 ······ 原矛头蝮属一种 (原矛头蝮)Protobothrops

头蝰属 Azemiops

白头蝰 A. feae

　　管牙较短。没有颊窝。头背覆盖以对称之大鳞;背鳞17-17-15行。躯干及尾紫棕色,具朱红色横斑;头背浅褐色,具白色斑纹。

亚洲蝮属 Gloydius

1. 中段背鳞19～21行 ····································· 2
   中段背鳞23～25行 ····················· 中介蝮 G. intermedius
2. 鼻间鳞略呈馒头形,外缘不尖细;中段背鳞21行或19行,腹鳞+尾
     下鳞168～222 ······················· 高原蝮 G. strauchii
   鼻间鳞略呈逗点形,外缘尖细;中段背鳞21行

     ······································· 短尾蝮 G. brevicaudus

烙铁头蛇属 *Ovophis*

山烙铁头蛇 *O. monticola*

有颊窝、头背都是小鳞片；体色棕褐，与原矛头蝮相似，区别在于本种头背左右眶上鳞间一横排有小鳞5～10枚，左右鼻间鳞相切或隔1～3枚鳞片。

原矛头蝮属 *Protobothrops*

眶上鳞间相隔5～10枚小鳞；中段背鳞21（19）行；腹鳞156～194；尾下鳞44～80对 …………………… 菜花原矛头蝮 *P. jerdonii*

眶上鳞间相隔11～18枚小鳞；中段背鳞25(23～27)行；腹鳞175～238；尾下鳞58～100对 ………… 原矛头蝮 *P. mucrosquamatus*

竹叶青蛇属 *Trimeresurus*

竹叶青蛇 *T. stejnegeri*

有颊窝；身绿色，体侧有白色或红白各半的纵线纹；眼睛红色，尾背及尾端焦红色。鼻鳞与第一枚上唇鳞之间有完整的鳞沟；鼻间鳞较小。

鸟纲 AVES

甘肃境内有鸟纲动物527种,隶属于17目67科224属。

鸟纲动物形态特征和量度

(一)鸟体外部特征

鸟类的外部形态,可分别加以说明(图4-1)。

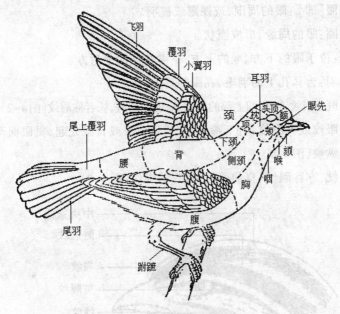

图4-1　鸟体外形的各部名称(引自郑作新.1978)

1.头部:可分为上面、侧面、下面3部分。

(1)上面:

额,或前头:头的最前部,与上嘴基部相连。

头顶:前头稍后,为头的正中部。

后头或称枕部:头顶之后,上颈之前,为头的最后部。

中央冠纹、即顶纹:在头部的正中处,自前向后纵走的斑纹。

侧冠纹:在头顶两侧的纵纹。

羽冠:头顶上特别延长或耸起的羽毛,形成冠状。

枕冠:后头上特别延长或耸起的羽毛。

肉冠:头上的裸皮突出部。

额板:位于头前的裸出角质板。

（2）侧面:

眼先:位于眼前嘴角之后。

围眼［部］:眼的周围,或裸露或被羽。

眼圈:眼的周缘,形成圈状。

颊:位于眼的下方、喉的上方,下嘴基部的上后方。

耳羽:为耳孔上的羽毛,在眼的后方。

眉斑或眉纹:在眼的上部的斑纹,短者称眉斑,长者称眉纹(图4-2)。

穿眼纹或贯眼纹:自下嘴基部,或目前头或自眼先起,贯眼而至眼后的纵纹(图4-2)。

颊纹,亦称颧纹:自前而后,贯颊的纵纹(图4-2)。

图4-2　鸟类头部各种斑纹示意图(引自郑作新2002)

颚纹:从下嘴基部向后延伸,介于颊与喉间(图4-2)。

面盘:两眼向前,其周围的羽毛排列成人面状,如面盘。

（3）下面:

颏位:于下嘴基部的后下方,及喉的前方。

颏纹:贯于颏部中央的纵纹(图4-2)。

肉垂:头部下方或下垂着的裸皮部。

2.颈部

(1)上面:颈背面,称为后颈,再分为上颈与下颈。

上颈即颈项,或称项:后颈前部,与后头相连。

下颈:后颈的后部,与背部相接。

颈冠或项冠:着生于项部的长羽,形成冠状。

翎领:着生于颈部的长羽,形成围领状。

披肩:着生于后颈的长羽,形成披肩状,故名。

(2)侧面:颈的两侧称为颈侧。

(3)下面:

喉:可分为上喉(即颐)与下喉。喉的前部常位于头部的下面。

前颈:在颈长的种类,位于喉的下方,颈部的前面。

喉囊:为喉部可伸缩的囊状构造。

3.躯干:为鸟体中最大之部。

(1)上面:

背:位于下颈之后,腰部之前。分为上背与下背,前者与下颈相接,后者与腰部相接。

肩部:位于背的两侧及两翅的基部。此部羽毛常特延长而称为肩羽。

肩间部:位于两肩之间。

翕或背肩部:包括上背、肩及两翅的内侧覆羽等。

腰:为躯干上面的最后一部,其前为下背,其后为尾上覆羽。

(2)侧面:

胸侧:位于胸部两侧。

胁或体侧:位于腰的两侧,而近于下面。

腹侧:位于腹的两侧。

（3）下面：

胸：为躯干下面最前的一部，前接前颈（或喉部），后接腹部。又可分为前胸（或上胸）及下胸。

腹：前接胸部，后则止于肛孔。

肛周，或围肛羽：为肛孔周围的羽毛。

上列头、颈及躯干等部上面，可统称为上体；下面可统称为下体。

4. 嘴：嘴的分部与检查鉴定有关的，计有下列各项：

上嘴：为嘴的上部，其基部与额相接。

下嘴：为嘴的下部，其基部与颏相接。

嘴角：为上下嘴基部相接之处，上、下嘴张开时的距离，可称为嘴裂。

会合线：即自嘴角至嘴端的线。

嘴蜂：即上嘴的顶脊。

嘴底：即下嘴的底。

嘴端：为嘴的最先端。

啮缘：为嘴的边缘。

喙肿或隆端：为嘴端的肿起部。

嘴甲：为嘴端甲状附属物。

蜡膜：上嘴基部的膜状覆盖构造。

鼻孔：为鼻的开孔，位于上嘴基部的两侧。

鼻沟：上嘴两侧的纵沟，鼻孔位于其中。

鼻管：上嘴基部的管状突，鼻孔开口于管的先端。

嘴须：着生于嘴角上方。

副须：依其着生处的不同，可区别为：①鼻须，着生于额基而悬置于鼻孔上；②颏须，着生于颏部；③羽须，即着生于眼先或他处的羽毛之变为须状者。

5. 翅或称翼

（1）飞羽：构成翼的主要部分，更分为初级飞羽，次级飞羽及三级飞羽（图4-3）。

图4-3　鸟翼上的各种羽毛（引自郑作新.2002）

①初级飞羽：此一列飞羽最长，9～10枚，附着于掌骨和指骨上。

②次级飞羽：短于初级飞羽，附着于尺骨上。

③三级飞羽：亦附生于尺骨上，实应称为最内侧次级飞羽。但其羽色和羽形常与其余次级飞羽不同；有些鸟类，其生于肱骨的羽毛，有的很发达，不似覆羽，而成飞羽状，也可统称三级飞羽。

（2）覆羽：掩覆于飞羽的基部。

①初级覆羽：位于初级飞羽的基部。

②次级覆羽：覆于次级飞羽的基部。依其排列的先后和羽片的大小，再分如下：

a. 次级大覆羽，或简称大覆羽：位于初级复羽的内方及中覆羽的后方。

b. 次级中覆羽，或称中覆羽：介于大、小覆羽之间。

c. 次级小覆羽，即小覆羽：位于中覆羽的上方，为翼的最前部，常排成鳞状。

（3）小翼羽：位于初级覆羽之上，小覆羽之下，中复羽的外侧。其形小而硬，附着于第二指骨上。

（4）翼角：即翼的腕关节。

（5）翼缘：即翼的边缘。

（6）翼镜：即翼上特别明显的块状斑。

（7）翼端：为翼的先端。依其形状的不同,可分为3种（图4-4）。

圆翼　　　尖翼　　　　方翼

图4-4　鸟翼各种基本类型示意图（引自郑作新2002）

①圆翼：最外侧飞羽较其内侧者为短,因而形成圆形翼端。

②尖翼：最外侧飞羽（退化飞羽不计入内）最长,其内侧数枚突形短缩,因而成尖形翼端。

③方翼：最外侧飞羽与其内侧数羽几相等长,而形成方形翼端。

（8）腋羽：位于翼基下方的羽毛。

6.尾

（1）尾部覆羽：覆于尾羽基部。分为：

①尾上覆羽：位于上体腰部之后。

②尾下覆羽：位于下体肛孔之后。

（2）尾羽

①中央尾羽：为居中的1对。

②外侧尾羽：位于中央尾羽的外侧者;其位于最外侧者,称最外侧尾羽。

依尾的形状,尾可分为以下几种:

a.平尾:中央尾羽与外侧尾羽长短相等。

b.中央尾羽较外侧尾羽为长,依它们长短的相差程度,而有下列四种尾型之别:

圆尾:长短相差不显著。

凸尾:长短相差较大。

楔尾:长短相差更大。

尖尾:长短相差极甚。

c.中央尾羽仅较外侧尾羽为短,亦可依它们长短相差的程度,区别如下:

凹尾:长短相差较少。

燕尾或称叉尾:相差较显著。

铗尾:相差极为显著。

7.脚

(1)股或大腿:为脚的最上部,与躯干相接,通常被羽。

(2)胫或小腿:在股之下,附蹠之上;或被羽或裸出。

(3)附蹠:在胫之下,趾之上,为一般小鸟脚部最显著的部分。附蹠或被羽或附生鳞片。附蹠后缘常具两个整片纵鳞;其前缘的具鳞情况,可别为下列各种:

①具盾状鳞的:呈横鳞状。

②具网状鳞的:呈网眼状。

③具靴状鳞的:呈整片状。

(4)距:附蹠后缘着生的角状突。

(5)趾:通常四趾,即外趾、中趾、内趾及后趾(或称大趾)等。依其排列的不同,可别为下列各种(图4-5):

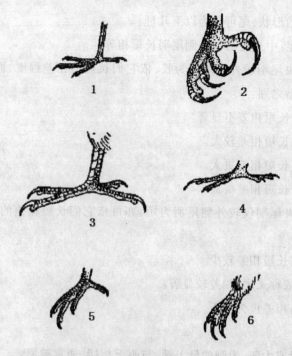

图4-5 鸟趾的几种主要类型(引自郑作新.2002)

1. 不等趾型(麻雀)　2. 不等趾型(大鵟)　3. 对趾型(啄木鸟)
4. 异趾型(咬鹃)　5. 并趾型(翠鸟)　6. 前趾型(雨燕)

①不等趾足,或称常态足:四趾中,三趾向前,一趾(即大趾)向后。

②对趾足:第2~3趾向前,第1~4趾向后。

③异趾足:第3~4趾向前,第1~2趾向后。

④半对趾足:与不等趾足基本相同,但有的第四趾扭转向后。

⑤并趾足:前趾的排列如常态足,但向前三趾的基部互相并着。

⑥前趾足:四趾均向前方。

⑦离趾足:三趾向前,一趾向后;后趾最强,前趾各相游离,如一般鸣禽。

⑧索趾足:三前一后;后趾甚弱,前趾多少相并,如阔嘴鸟。

(6)蹼:具蹼的足。可分为下列各种(图4-6):

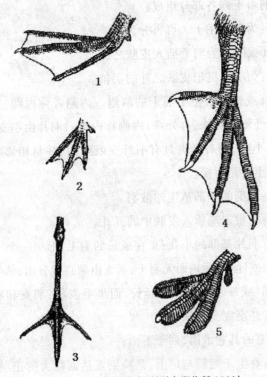

图4-6 鸟蹼的各种类型(引自郑作新.2002)

1. 蹼足(潜鸟)　　　2. 凹蹼足(燕鸥)　　　3. 半蹼足(鹬)

4. 全蹼足(鸬鹚)　　5. 瓣蹼足(䴙䴘)

①蹼足:前趾间具有极发达的蹼相连着。

②凹蹼足:与蹼足相似,但蹼膜中部往往凹入,不甚发达。

③半蹼足或称微蹼足:蹼的大部退化,仅于趾间的基部留存。

④全蹼足:前趾及后趾,其间均有蹼相连着。

⑤瓣蹼足:趾的两侧附有叶状膜。

(7)爪:着生于趾的末端。

有些鸟的中爪(即中趾的爪)还具有栉橼,如鸳、夜鹰等。

8.羽毛依构造不同可分为三类:

(1)正羽由下列各部分组成:

①羽轴:为羽的主干。可再分为:

a.羽根(或翮):为羽毛插入皮肤之部;

b.羽干:为羽毛突出皮肤之外的羽轴。

②羽片(或䎎):着生于羽干的两侧。内侧者称内䎎,外侧者称外䎎。羽片外侧的边缘,称外缘;内侧称内缘。羽片由羽支组成;羽支再分为羽小支,而后者更具有羽纤支或细钩,并与相邻羽支的近侧一列的羽小支相衔接。

③副羽:自羽的基部丛生的散羽。

④下脐:羽根末端插入皮肤中的开孔。

⑤上脐:羽片基部的小孔;正在成长的羽毛,形似一个小突起。

(2)绒羽或(翮):翮短而无羽干,羽支由翮直接分出,丛生成束。

(3)毛羽(或纤羽):羽轴甚延长,而呈毛发状;羽支和羽小支均数寡而形小,甚至完全付缺。

关于羽毛的其它术语,列于下面:

a.廓羽:着生于翅膀与尾上,是特别发达而强大的正羽,一般指飞羽和尾羽。

b.粉(翮):其羽支的末端柔滑,稍经触动,即碎成粉状,如生在鸳类大腿上的绒羽。

c.斑纹:其呈点状者称点斑,呈色鳞状者称鳞斑,面积大而无定形者称块斑,形细而呈虫蠹状者称蠹状斑,形特长阔者称带斑,羽干与羽片异色而形成纵纹者称羽干纹。

e.羽区(或羽域):鸟体着羽的部分。羽区间的部分或完全裸出,或仅散生绒羽,是称裸区(或裸域)。羽区可大别如下:

| 背羽区 | 臂羽区 | 股羽区 |
| 腹羽区 | 翼羽区 | 头羽区 |

尾羽区　　　胫羽区

f.羽衣和换羽:

雏(翈)　稚羽　　　　冬羽

夏羽　　　　婚羽　　　　雏期后换羽

稚期后换羽　春季换羽　　秋季换羽

婚前换羽(或繁殖前换羽)

婚后换羽(或繁殖后换羽)

　附:与检索有关的内部构造:

蜥腭型　　　裂腭型　　　索腭型

雀腭型　　　全鼻型　　　裂鼻型

龙骨突　　　综荐骨　　　尾综骨

尾脂腺　　　嗉囊

(二)鸟体的量度

鸟体的量度,常用的有下列各项:

1.体长:自嘴端至尾端。

2.嘴峰长:自嘴基生羽处至上嘴先端的直线距离。

3.翼长:自翼角(腕关节)至最长飞羽的先端的直线距离。

4.尾长:自尾羽基部至最长尾羽尖端的直线距离。

5.跗蹠长:自胫骨与跗蹠关节后面的中点,至跗蹠与中趾关节前面最下方之整片鳞的下缘。

具体方法详见图4-7。

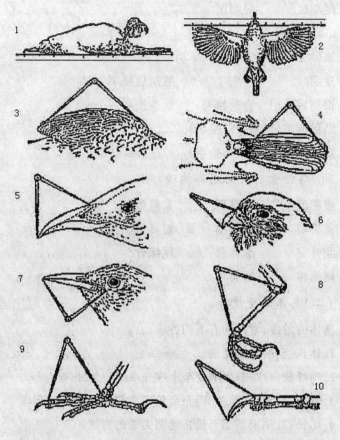

图4-7 鸟体测量法(引自郑作新.2002)

1.体长　　2.翼展　　3.翼长　　4.尾长　　5.嘴峰长

6.嘴峰长(除蜡膜)　7.嘴裂长　8.跗蹠长　9.趾长　　10.爪长。

甘肃鸟类分目检索

1.脚适于游泳;蹼膜发达 ·· 2

　脚适于步行;蹼不发达或付缺 ································· 5

2.趾间具全蹼 ································· 鹈形目 Pelecaniformes

趾间不具全蹼 ·· 3

3. 嘴通常平扁,先端具嘴甲;雄性具交接器 ··· 雁形目 Anseriformes

嘴不平扁,先端无嘴甲;雄性不具交接器 ····················· 4

4. 翅尖长,尾羽正常发达 ······················· 鸥形目 Lariformes

翅短,或尖或圆;尾羽甚短,为覆羽所掩盖

···························· 䴙䴘目 Podicipediformes

5. 颈、脚均短;胫全被羽;无蹼 ······························· 8

颈、脚均长;胫下部裸露;脚适于涉水;蹼不发达 ··········· 6

6. 后趾不发达或全退化,若存在则较前趾为高,眼先常被羽

·· 7

后趾发达且与前趾在同一水平面上,眼先裸出

······························· 鹳形目 Ciconiiformes

7. 翅多短圆,第一枚初级飞羽较第二枚短;眼先被羽或裸出;趾间无

蹼,有时具瓣蹼 ························· 鹤形目 Gruiformes

翅形尖,或长或短;第一枚初级飞羽与第二枚等长或较长麦鸡属有例

外;眼先被羽;趾间蹼不发达或付缺 ····· 鸻形目 Charadriiformes

8. 嘴爪均特强锐弯曲;嘴基具蜡膜 ··························· 9

嘴爪平直或仅稍曲;嘴基不具蜡膜(鸽形目除外) ········· 10

9. 蜡膜裸出;两眼侧置;尾脂腺被羽,外趾不能反转(鹗属例外)

······························· 隼形目 Falconiformes

蜡膜常为硬须所掩盖;两眼向前;尾脂腺裸露,外趾能反转

······························· 鸮形目 Strigiformes

10. 三趾向前,一趾向后(后趾有时付缺);各趾彼此分离(除极少数

外) ··· 15

趾不具上述特征 ····································· 11

11. 足大多呈前趾型;嘴短阔而平扁;无嘴须 ····· 雨燕目 Apodiformes

足不呈前趾型;嘴强而不平扁(夜鹰目例外);常具嘴须 ········· 12

一、䴙䴘目 Podicipediformes

(一)䴙䴘科 Podicipedidae

䴙䴘科分属检索

体形较小,翅长在 110 mm 以下;跗蹠后缘的鳞片主要为三角形;
头上无饰羽·················· 小䴙䴘属 Tachybaptus

体形较大,翅长在 110 mm 以上;跗蹠后缘鳞片主要为长方形;头
上有饰羽 ·················· 䴙䴘属 Podiceps

小䴙䴘属 Tachybaptus

小䴙䴘 T. ruficollis

春羽除两翅外,全身各羽呈绒毛状。上体黑褐而有光泽,颈侧

棕栗色,胸淡栗色,腹部白沾淡灰,冬羽,颏及喉白色,头颈淡黄栗色。

䴙䴘属 *Podiceps*

1. 嘴长不及 27 mm(一般不及 25 mm),翅短于 150 mm

      ······························ 黑颈䴙䴘*P. caspicus*

  嘴长于 27 mm(一般超过 30 mm),翅长于 150 mm ···············2

2. 眼先、眼上纹及外侧肩羽白色;繁殖期中,雄鸟具有黑色角状羽冠及

  黑端棕羽的皱领;前颈白色 ·················· 凤头䴙䴘*P. cristatus*

  眼先、眼上纹及外侧肩羽等均非白色;繁殖期中,雄鸟不具羽冠和

  皱领;前颈和上胸赤棕色·················· 赤颈䴙䴘*P. grisegena*

二、鹈形目 Pelecaniformes

(二)鸬鹚科 Phalacrocoracidae

鸬鹚属 *Phalacrocorax*

普通鸬鹚 *P. carbo*

通体黑色,两肩和翅膀均具青铜色金属反光。繁殖期中,头、羽冠及颈等满杂以白羽,下胁具白斑。

(三)鹈鹕科 Pelecanidae

鹈鹕属 *Pelecanus Linnaeus*

白鹈鹕 *P. onocrotalus*

体大,几呈白色;嘴下有一皮肤囊;尾短。

三、鹳形目 Ciconiiformes

鹳形目分科检索

1. 中趾爪内侧具栉 ···················· 鹭科 Ardeidae
   中趾爪不具栉缘 ································· 2
2. 嘴粗厚而侧扁,不具鼻沟 ··········· 鹳科 Ciconiidae
   嘴呈匙状或筒状,向下稍曲,鼻沟几达嘴端

   ························· 鹮科 Threskiornithidae

(四)鹭科 Ardeidae

鹭科分属检索

1. 尾羽12枚 ···································· 2
   尾羽10枚 ···································· 6
2. 体羽白色 ··························· 白鹭属 Egretta
   体羽非全白 ···································· 3
3. 两翅白色 ··························· 池鹭属 Ardeola
   两翅非白色 ···································· 4
4. 胫的裸出部分较后趾为长 ··········· 鹭属 Ardea
   胫的裸出部分较后趾为短 ······················ 5
5. 嘴峰较跗蹠为长 ·················· 绿鹭属 Butorides
   嘴峰与跗蹠几等长 ·············· 夜鹭属 Nycticorax
6. 中趾不连爪较嘴峰为长,翅长在300 mm以上 ··· 麻鹭属 Botaurus
   中趾不连爪较嘴峰为短,翅长在300 mm以下 ············ 7
7. 体形较大,翅长在170 mm以上,体羽大都为深蓝黑色

   ······························· 黑鸦属 Dupetor

体形较小,翅长在170 mm以下,体羽非深蓝黑色
·· 苇鳽属 *Ixobrychus*

白鹭属 *Egretta*

1. 翅长超过350 mm ······························ 大白鹭 *E. alba*
   翅长不及350 mm ··································· 2
2. 翅长在300～350 mm间;无羽冠但胸具蓑羽;趾黑
   ································· 中白鹭 *E. intermedia*
   翅长不及300 mm;头后有2枚矛状羽;趾黑且杂以黄斑
   ·································· 白鹭 *E. garzetta*

池鹭属 *Ardeola*

池鹭 *A. bacchus*
繁殖期头和颈暗栗色,背部石板黑色,胸部酱褐。

鹭属 *Ardea*

体背淡灰,腹面白色;中趾连爪短于跗蹠
··························· 苍鹭 *A. cinerea*
体背暗灰,腹面紫色;中趾连爪与跗蹠等长或较长
··························· 草鹭 *A. purpurea*

绿鹭属 *Butorides*

绿鹭 *B. striatus*
体大小如池鹭,但头顶和枕冠黑色且渲染绿辉,眼下黑纹延达颈侧;颈及背部蓑羽灰色,翅和尾黑色,翅上覆羽绿色羽缘沾白,翼缘白色。

夜鹭属 *Nycticorax*

夜鹭 *N. ycticorax*
额、眼先、眉斑白色;头顶及枕部黑色,冠羽2～3枚细长而色白

且垂于脑后,上背及肩暗褐而有绿辉,其余上体部,翅,尾、颈侧和胁淡灰,下体大部纯白。

麻鸦属 *Botaurus*

大麻鸦 *B. stellaris*

似草鹭但较粗壮。头顶和后颈黑色,上体至尾黄褐色,具不规则的黑色斑,翅具黑色横纹,前颈及胸有棕色纵纹;下体底色棕黄,有黑褐色纵斑。

黑鸦属 *Dupetor*

黑(苇)鸦 *D. flavicollis*

外形似苇鸦,但体稍大。体羽大都为蓝黑色且有紫色光泽,颊白;颈侧橙黄;下体铅蓝黑色;嘴棕色;眼周裸皮橙绿色。

苇鸦属 *Ixobrychus*

小腿被羽至胫关节处,头顶及尾均黑与背异色

·······································黄斑苇鸦 *I. sinensis*

小腿下部裸出,头顶和尾均为栗色

·······································栗苇鸦 *I. cinnamomeus*

(五)鹳科 Ciconiidae

鹳属 *Ciconia*

黑鹳 *C. nigra*

体大。上体自头至尾,包括双翅呈黑色且具紫绿色闪光;胸部与上体同色;下体余部白色。亚成体头和颈羽沾棕且杂以白色;背羽暗棕;嘴朱赤;围眼裸区红色;腿和脚褐色沾赤。

(六)鹮科 Threskiornithidae

琵鹭属 *Platalea*

白琵鹭 *P. leucorodia*

羽几全为白色，喙长而平扁，中部狭窄，前端扩展呈琵琶状。

四、雁形目 Anseriformes

(七)鸭科 Anatidae

鸭科分属检索

1. 后趾不具蹼膜 ·· 2

   后趾具蹼膜 ·· 3

2. 颈较体长，或与等长 ························ 天鹅属 *Cygnus*

   颈较体短 ································· 雁属 *Anser*

3. 后趾仅具狭形蹼膜 ··· 4

   后趾具宽形蹼膜 ·· 7

4. 嘴形短厚似鹅，嘴峰不及 31 mm ·························· 5

   嘴较长而稍平扁，嘴峰超过 31 mm ······················· 6

5. 头具羽冠；初级飞羽外缘银灰色；雄鸟翅具帆状饰羽一对

   ·· 鸳鸯属 *Aix*

   头无羽冠；初级飞羽外缘非银灰色；雄鸟翅无帆状饰羽

   ··· 棉凫属 *Nettapus*

6. 翅长大于 280 mm；内侧次级飞羽外翈有棕栗色

   ··· 麻鸭属 *Tadorna*

   翅长一般小于 280 mm；内侧次级飞羽外翈棕栗色 ······ 鸭属 *Anas*

7. 嘴形侧扁 ·· 8

嘴形平扁 ·· 9

8. 体型小,全长 460 mm 以下,翅长 200 mm 以下;嘴峰约 30 mm,嘴
短于跗跖;尾羽 16 枚 ················· 斑头秋沙鸭属 *Mergellus*

体型大,全长 560 mm 以上,翅长 210 mm 以上;嘴峰 55~60 mm,
嘴长于跗跖;尾羽 18 枚 ················· 秋沙鸭属 *Mergus*

9. 腋羽黑或暗褐色;鼻孔近嘴端 ··············· 鹊鸭属 *Bucephala*

腋羽白色;鼻孔近嘴基 ·································· 10

10. 嘴缘栉突形长而显著,雄鸭嘴和跗跖等均红色

·· 狭潜鸭属 *Netta*

嘴缘栉突形短而不显著,雄鸭嘴和跗跖等非红色

·· 潜鸭属 *Aythya*

天鹅属 *Cygnus*

翅长超过 560 mm;嘴基黄斑沿嘴缘前伸于鼻孔之下

·· 大天鹅 *C. cygnus*

翅长不及 560 mm;嘴基黄斑沿嘴缘不前伸于鼻孔之下

·· 小天鹅 *C. columbianus*

雁属 *Anser*

1. 头具二条黑色带斑 ······················· 斑头雁 *A. indicus*

头无黑色带斑 ·· 2

2. 嘴甲黑色 ······································· 豆雁 *A. fabalis*

嘴甲近白 ··· 灰雁 *A. anser*

鸳鸯属 *Aix*

鸳鸯 *A. galericulata*

中型鸭类。雌雄异色,雄鸟羽色艳丽,头具冠羽,眼后有延伸的

白色眉纹,两翅各具一枚栗黄色扇状直立羽,易于辨认。雌鸟头与背均灰褐色,无羽冠和扇状直立羽。

棉凫属 *Nettapus*

棉凫 *N. coromandelianus*

体小,嘴形似鹅,基高而端狭,羽色主要为绿、灰、黑及白色,两性羽色稍异。

麻鸭属 *Tadorna*

体羽呈黑、白、栗三色;头颈均黑有绿辉;嘴和跗蹠及趾均红色
································ 翘鼻麻鸭 *T. tadorna*

体羽(飞羽除外)棕栗色;头、颈棕栗;嘴和跗蹠及趾均黑色
································ 赤麻鸭 *T. ferruginea*

鸭属 *Anas*

(雄性成鸟)

1. 嘴呈铲状 ······················ 琵嘴鸭 *A. clypeata*
   嘴不呈铲状 ·· 2

2. 翅上外侧覆羽大都呈蓝灰色 ············· 白眉鸭 *A. querquedula*
   翅上外侧覆羽非蓝灰色 ·· 3

3. 中央尾羽特别延长 ···················· 针尾鸭 *A. acuta*
   中央尾羽长度适中 ··· 4

4. 嘴形宽阔,可达 20 mm 以上 ·· 5
   嘴较狭小,不及 19 mm ··· 6

5. 嘴端具棕黄横斑(包括嘴甲) ··········· 斑嘴鸭 *A. poecilorhyncha*
   嘴端无黄斑 ···················· 绿头鸭 *A. platyrhynchos*

6. 嘴长于 40 mm,翅上有一块状赤斑 ········· 赤膀鸭 *A. strepera*
   嘴短于 40 mm,翅无上列特征 ·· 7

7. 翅长于 200 mm；头、颈大都栗红，头顶棕白；尾上覆羽绒黑色

    ⋯⋯⋯⋯⋯⋯⋯⋯⋯⋯⋯⋯⋯⋯⋯ 赤颈鸭 *A. penelope*

  翅短于 200 mm；头部棕红，尾上覆羽黑褐色

    ⋯⋯⋯⋯⋯⋯⋯⋯⋯⋯⋯⋯⋯⋯⋯ 绿翅鸭 *A. crecca*

（雌性成鸟）

1. 嘴呈铲状 ⋯⋯⋯⋯⋯⋯⋯⋯⋯⋯ 琵嘴鸭 *A. clypeata*

  嘴不呈铲状 ⋯⋯⋯⋯⋯⋯⋯⋯⋯⋯⋯⋯⋯⋯⋯⋯⋯ 2

2. 翅上外侧覆羽大都呈蓝或蓝灰色 ⋯⋯⋯ 白眉鸭 *A. querquedula*

  翅上外侧覆羽非蓝或蓝灰色 ⋯⋯⋯⋯⋯⋯⋯⋯⋯⋯⋯ 3

3. 下体杂以褐色 ⋯⋯⋯⋯⋯⋯⋯⋯⋯⋯⋯⋯⋯⋯⋯⋯ 4

  下体白或近白色 ⋯⋯⋯⋯⋯⋯⋯⋯⋯⋯⋯⋯⋯⋯⋯ 5

4. 嘴端具暗棕黄色横斑（包括嘴甲）；翼镜蓝绿

    ⋯⋯⋯⋯⋯⋯⋯⋯⋯⋯⋯⋯⋯ 斑嘴鸭 *A. poecilorhyncha*

  嘴端无黄色横斑，如存在时也不明显；翼镜紫蓝

    ⋯⋯⋯⋯⋯⋯⋯⋯⋯⋯⋯⋯⋯ 绿头鸭 *A. platyrhynchos*

  嘴端无黄斑；无翼镜 ⋯⋯⋯⋯⋯⋯⋯⋯ 针尾鸭 *A. acuta*

5. 翼镜白色 ⋯⋯⋯⋯⋯⋯⋯⋯⋯⋯⋯ 赤膀鸭 *A. strepera*

  翼镜纯黑，有时沾绿色 ⋯⋯⋯⋯⋯⋯⋯ 赤颈鸭 *A. penelope*

  翼镜外侧纯黑，内侧辉绿，前后均缘以白色

    ⋯⋯⋯⋯⋯⋯⋯⋯⋯⋯⋯⋯⋯⋯⋯ 绿翅鸭 *A. crecca*

斑头秋沙鸭属 *Mergellus*

斑头秋沙鸭 *M. albellus*

外形似鸭，但嘴不上下扁平而近似圆锥状，体和嘴较秋沙鸭属鸟类小或短。雄鸭眼周、枕部、背、腰、尾均黑色，翅灰黑色，余部均白色。雌鸭头顶栗色；上体黑褐；下体白色。

秋沙鸭属 *Mergus*

上嘴边缘自鼻孔前缘至嘴端的齿突多于15枚;嘴甲直线长度短于

    10 mm;雄性上胸棕红色具黑纹 ┄┄┄┄ 红胸秋沙鸭 *M. serrator*

上嘴边缘自鼻孔前缘至嘴端的齿突少于15枚;嘴甲直线长度长于

    10 mm;雄性上胸非棕红色 ┄┄┄┄ 普通秋沙鸭 *M. merganser*

鹊鸭属 *Bucephala*

鹊鸭 B. clangula

体型中等。雄鸭头黑,两颊近嘴基处有大形白色圆斑,上体黑色,外侧肩羽及下体白色。雌鸭较小,头、颈褐色,颊无白斑,颈基具污白色圆环;上体淡黑褐,余部同雄鸭。

狭嘴潜鸭属 *Netta*

赤嘴潜鸭 N. rufina

嘴赤红,羽冠淡棕,头深栗色,上体大都棕褐,翼镜纯白色,下体黑褐,胁白色。雌鸭羽冠不著,上体淡棕褐,下体灰褐,嘴黑褐色。

潜鸭属 *Aythya*

(雄性成鸟)

1. 头具长形羽冠 ┄┄┄┄┄┄┄┄┄┄┄ 凤头潜鸭 *A. fuligula*

  头无羽冠 ┄┄┄┄┄┄┄┄┄┄┄┄┄┄┄┄┄┄┄ 2

2. 头、颈栗红;背、翅大都浅灰;翼镜灰色

    ┄┄┄┄┄┄┄┄┄┄┄┄ 红头潜鸭 *A. ferina*

  头、颈非栗红,背、翅大都暗褐;翼镜白色 ┄┄┄┄ 3

3. 头黑闪绿辉 ┄┄┄┄┄┄┄┄┄┄ 青头潜鸭 *A. baeri*

  头亮栗色 ┄┄┄┄┄┄┄┄┄┄┄ 白眼潜鸭 *A. nyroca*

(雌性成鸟)

1. 翼镜灰色 ┄┄┄┄┄┄┄┄┄┄┄ 红头潜鸭 *A. ferina*

翼镜白色 ·· 2

2. 头具冠羽 ······························ 凤头潜鸭 A. fuligula

  头无冠羽 ··· 3

3. 头、颈黑褐，喉部白斑较稀 ··········· 青头潜鸭 A. baeri

  头、颈棕褐，喉部白斑较密 ··········· 白眼潜鸭 A. nyroca

五、隼形目 Falconiformes

隼形目分科检索

1. 中趾爪内侧具栉缘 ······················ 鹗科 Pandionidae

  中趾爪不具栉缘 ······································· 2

2. 上嘴左右两侧无齿突，或具双齿突；跗蹠部具方形鳞片

  ·· 鹰科 Accipitridae

  上嘴左右两侧各具单个齿突；跗蹠具圆形鳞片

  ··· 隼科 Falconidae

（八）鹗科 Pandionidae

鹗属 Pandion

鹗 P. haliaetus

上体暗褐，下体白色；上胸具棕褐色粗纹。

（九）鹰科 Accipitridae

鹰科分属检索

1. 头顶裸出或被羽 ····································· 2

  头顶被羽 ··· 3

2. 鼻孔椭圆形,或狭形纵裂状;头上绒羽较淡 ················· 兀鹫属 *Gyps*

   鼻孔圆形;头上绒羽甚暗 ··················· 秃鹫属 *Aegypius*

3. 额具须状羽 ························· 胡兀鹫属 *Gypaetus*

   额无须状羽 ·· 4

4. 跗蹠较胫稍长,彼此相差不及后爪的长度 ·················· 5

   跗蹠较胫短,彼此相差超过后爪的长度 ·················· 6

5. 跗蹠前缘具盾状鳞,后缘具网状鳞;颈具翎领 ········ 鹞属 *Circus*

   跗蹠前后缘均具盾状鳞;颈无翎领 ············· 鹰属 *Accipiter*

6. 跗蹠后缘具盾状鳞(毛脚鵟除外) ·············· 鵟属 *Buteo*

   跗蹠后缘具网状鳞(雕属前后缘均被羽) ·················· 7

7. 嘴形较弱;嘴缘仅微呈弧状垂(或具双齿突);跗蹠裸出无羽

   ··· 8

   嘴形大而强;嘴缘呈弧状垂;跗蹠全部或部分被羽·········· 9

8. 尾呈叉形 ····························· 鸢属 *Milvus*

   尾呈圆尾或平尾状 ····················· 蜂鹰属 *Pernis*

9. 跗蹠全部被羽 ························· 雕属 *Aquila*

   尾呈圆尾或平尾状 ····································· 10

10. 跗蹠较嘴的1.5倍为长 ·············· 短趾雕属 *Circaetus*

    跗蹠较嘴的1.5倍为短 ············· 海雕属 *Icthyophaga*

兀鹫属 *Gyps*

高山兀鹫 *G. himalayensis*

头裸出,但头和颈覆盖污黄色耳形短羽;上体和翅覆羽黄褐灰色,飞羽黑色;飞翔时淡色下体和黑色的翅膀形成鲜明对照。

秃鹫属 *Aegypius*

秃鹫 *A. onachus*

大型猛禽,通体大都乌褐色,头被以污褐色绒羽;颈的裸出部分为铅蓝色;翎羽淡褐近白。

胡兀鹫属 *Gypaetus*

胡兀鹫 *G. barbatus*

上体黑褐,有银灰色光泽;颏下有一簇黑色羽须。

鹞属 *Circus*

嘴裸露部分(除蜡膜)超过20 mm;幼鸟头顶棕白,具黑色狭纹

·············· 白头鹞 *C. aeruginosus*

嘴裸露部分(除蜡膜)不及20 mm;幼鸟头顶黑褐具棕色羽缘

·············· 白尾鹞 *C. cyaneus*

鹰属 *Accipiter*

1. 嘴长(自蜡膜前缘量起)不及中趾(不连爪)之半 ·············· 2

嘴长(自蜡膜前缘量起)与中趾(不连爪)之半几等长或稍长

·············· 苍鹰 *A. gentilis*

2. 喉满布褐色细纹,但无特别显著的中央条纹;第6枚初级飞羽外

翈具缺刻 ·············· 雀鹰 *A. nisus*

喉白而具显著的中央条纹;第6枚初级飞羽外翈无缺刻

·············· 松雀鹰 *A. virgatus*

鵟属 *Buteo*

1. 尾羽浅棕色;横斑除近端(先端)一条外,均隐微不著

·············· 棕尾鵟 *B. rufinus*

尾羽大都为褐色,横斑明显 ·············· 2

2. 翅长不及400(♂)或440(♀)mm;跗蹠短于75 mm

·············· 普通鵟 *B. buteo*

翅长超过440(♂)或480(♀)mm;跗蹠长于75 mm

·············· 3

3.跗蹠后缘具网状鳞;尾的末端有宽阔黑色带斑

··· 毛脚鵟*B. lagopus*

跗蹠后缘具盾状鳞;尾无黑色带斑 ············· 大鵟*B. hemilasius*

鸢属 *Milvus*

黑鸢 *M. migrans*

全身大都浓褐色;翅外侧初级飞羽基部白色;尾叉状。

蜂鹰属 *Pernis*

凤头蜂鹰 *P. ptilorhynchus*

中型猛禽;背部羽毛深褐色;头部羽小而丰富,如鳞片状致密
排列。

雕属 *Aquila*

1.肩羽白色 ······························· 白肩雕 *A. heliaca*

肩羽非白色 ···································· 2

2.后趾的爪长于上嘴(从蜡膜前缘量起);翅长于600 mm

·· 金雕 *A. chrysaetos*

后趾爪短于上嘴(从蜡膜前缘量起);翅短于600 mm

·· 草原雕 *A. rapax*

短趾雕属 *Circaetus*

短趾雕 *C. gallicus*

野外标志最明显特征为尾羽末端白色,有三条淡黑色横斑。

海雕属 *Haliaeetus*

尾纯白色 ····························· 白尾海雕 *H. albicilla*

尾褐色,而具白横斑 ·················· 玉带海雕 *H. leucoryphus*

（十）隼科 Falconidae

隼属 *Falco*

1. 爪黄 ……………………………………………………………… 2

   爪黑 ……………………………………………………………… 3

2. 背主要为灰色；尾无黑色次端斑 ………………… 红脚隼 *F. amurensis*

   背主要为棕黄色；尾具宽阔的次端斑 ……… 黄爪隼 *F. naumanni*

3. 体形较大；翅长超过300 mm；中趾（不连爪）超过40 mm ……… 4

   体形较小；翅长不及300 mm；中趾（不连爪）不及40 mm ……… 5

4. 第1枚初级飞羽明显较第3枚为长 ………… 游隼 *F. peregrinus*

   第1枚初级飞羽较第3枚稍短或几等长 ……… 猎隼 *F. cherrug*

5. 尾呈秃尾状 ………………………………… 红隼 *F. tinnunculus*

   尾呈圆尾状 ……………………………………………………… 6

6. 第1枚初级飞羽与第4枚几等长，第2枚内翈有切刻

   ……………………………………………… 灰背隼 *F. columbarius*

   第1枚初级飞羽远较第4枚为长，第2枚内翈无切刻

   ……………………………………………… 燕隼 *F. subbuteo*

六、鸡形目 Galliformes

鸡形目分科检索

鼻孔被羽掩盖；跗蹠完全或局部被羽；无距；趾或裸出，两侧均具
栉缘或被羽 ………………………………… 松鸡科 Tetraonidae

鼻孔不被羽掩盖；跗蹠（除 *Lerwa* 雪鹑属外）不被羽；雄鸟常具距；
趾裸出，不具栉缘 ………………………… 雉科 Phasianidae

(十一)松鸡科 Tetraonidae

榛鸡属 *Bonasa*

斑尾榛鸡 *B. sewerzowi*

雄鸟上体栗色,具明显黑色横斑;颏、喉黑色带白缘;胸栗色,向后渐白,均具明显的黑色横斑;外侧尾羽近黑色,具若干白色横斑和羽端斑。雌雄相似,但雌体色暗淡,喉无白缘。

(十二)雉科 Phasianidae

雉科分属检索

1. 翅长不及200 mm;(除角雉、血雉、暗腹雪鸡等少数种类外);尾较翅短(除角雉外);尾羽换羽从中央一对开始 ·················· 2
  翅长超过200 mm;尾较翅长(除虹雉属外);尾羽换羽从最外一对开始 ··· 9
2. 第一枚初级飞羽较第十枚短 ····························· 3
  第一枚初级飞羽较第十枚长,或与等长 ··············· 5
3. 尾羽18枚 ··································· 角雉属 *Tragopan*
  尾羽14枚 ··· 4
4. 翅长超过170 mm;雄鸟羽衣有绿和红色 ········ 血雉属 *Ithaginis*
  翅长不及170 mm;雄鸟羽衣无绿和红色 ····· 竹鸡属 *Bambusicola*
5. 体型较小,翅长不及120 mm;尾羽8~12枚 ········ 鹑属 *Coturnix*
  体型居中,翅长超过120 mm ························· 6
6. 尾羽14枚 ··· 7
  尾羽16~18枚 ··· 8
  尾羽20~22枚 ······················· 雪鸡属 *Tetraogallus*
7. 跗蹠裸出 ································· 石鸡属 *Alectoris*

跗蹠局部被羽 ·· 雪鹑属 *Lerwa*

8.初级飞羽无横斑;尾常达翅长的3/4;雄鸟具距

·· 雉鹑属 *Tetraophasis*

初级飞羽具横斑;尾仅达翅长的1/2;雄鸟无距

·· 山鹑属 *Perdix*

9.耳羽簇发达 ·························· 马鸡属 *Crossoptilon*

无耳羽簇 ··· 10

10.尾显呈凸尾状,在雌雄两性均较翅长甚 ··················· 11

尾显圆尾状,在雌雄两性均较翅短

·· 虹雉属 *Lophophorus*

尾稍呈凸尾状,在雄性稍较翅长,头侧被羽

·· 勺鸡属 *Pucrasia*

11.无枕冠;第一枚初级飞羽较第十枚为长;颈项无披肩;尾羽不呈侧

扁状 ··· 12

具枕冠;第一枚初级飞羽较第十枚为短;颈项上的羽能耸立成披

肩状;尾羽侧扁状;雄鸟的尾特别长

·· 锦鸡属 *Chrysolophus*

12.腰羽呈圆形且紧密;雄鸟尾特长 ·········· 长尾雉属 *Syrmaticus*

腰羽呈矛状而离散如发 ····················· 雉属 *Phasianus*

角雉属 *Tragopan*

红腹角雉 *T. temminckii*

形似家鸡稍大;头黑;下体大部深栗红色,满布以银灰色眼状
斑,下体灰斑特别大。

血雉属 *Ithaginis*

血雉 *I. cruentus*

雄鸟头后两侧各具一簇黑羽,形似枕冠;胸羽绿色;尾羽具绯红

色侧缘;尾下覆羽绯红色,具先端斑。

竹鸡属 *Bambusicola*

灰胸竹鸡 *B. thoracicus*

上体棕橄榄褐色;眉纹灰色;背杂以显著栗斑;下体前为棕栗色,后转为棕色;胸具灰带,呈半球状;两胁具半月状褐色斑。

鹌属 *Coturnix*

鹌鹑 *C. coturnix*

体小而滚圆,褐色带明显的草黄色矛状条纹及不规则斑纹,雄雌两性上体均具红褐色及黑色横纹。雄鸟颏深褐,喉中线向两侧上弯至耳羽,紧贴皮黄色项圈。皮黄色眉纹与褐色头顶及贯眼纹成明显对照。雌鸟亦有相似图纹,但对照不甚明显。

雪鸡属 *Tetraogallus*

初级飞羽褐色,如有白色仅限于羽端或内翈基部;下胸和腹白色,
　　具黑色纵纹 ···················· 淡腹雪鸡 *T. tibetanus*
初级飞羽褐色,具暗褐色羽端;下胸和腹淡灰,具红棕色纵纹
　　···················· 暗腹雪鸡 *T. himalayensis*

石鸡属 *Alectoris*

项圈单层黑色;眼先白色,眼上纹白色以至棕色;尾羽14枚
　　···················· 石鸡 *A. chukar*
项圈双层,内层黑色,外层棕色;具黑色眼先,黑色眼上纹;尾羽
　　16枚 ···················· 大石鸡 *A. magna*

雪鹑属 *Lerwa*

雪鹑 *L. lerwa*

体羽大都呈黑与淡黄或棕色横斑相杂状;初级飞羽黑褐;胸、腹栗色,羽缘具白斑。

雉鹑属 *Tetraophasis*

红喉雉鹑 *T. obscurus*

上体大都褐色,上背羽具黑色端斑;翅羽大多具白色或棕白色端斑;颏、喉及尾下覆羽砖红色;胸褐灰,具黑色纵纹,先端扩大呈念珠状;腹具褐色羽干纹。

山鹑属 *Perdix*

尾羽18枚(正常);头侧不具黑色斑块;下胸具黑色蹄形斑(雌鸟或无) ······························ 斑翅山鹑 *P. dauuricae*

尾羽16枚(正常);头侧具黑色狭斑;胸部具多数黑色横斑
······························ 高原山鹑 *P. hodgsoniae*

马鸡属 *Crossoptilon*

蓝马鸡 *C. auritum*

通体蓝灰色;头侧绯红;耳羽簇白色,突出于颈项上;中央尾羽长而翘起,羽支游离,披散如马尾,外侧尾羽基部白色。

虹雉属 *Lophophorus*

绿尾虹雉 *L. ihuysii*

体形在虹雉属中为最大,雄鸟羽冠覆盖着颈项;上体略似棕尾虹雉,大都呈金属铜绿,紫及绿蓝色,白色部分较大;尾蓝绿色,下体黑色。

勺鸡属 *Pucrasia*

勺鸡 *P. macrolopha*

雄性头呈金属绿色,具棕褐色和黑色长冠羽;颈部两侧各有一白斑;体羽具灰、黑色纵纹;前颈至下腹中央具一深栗色纵带。雌鸟头不呈暗绿色;体羽以棕褐为主;下体无栗色。

锦鸡属 *Chrysolophus*

红腹锦鸡 *C. pictus*

雄鸟上体除上背为浓绿色外,余部主要为金黄色;下体通红;尾黑而密杂以桂黄色点斑。雌鸟体色暗淡,而不艳丽。

长尾雉属 *Syrmaticus*

白冠长尾雉 *S. reevesii*

雄鸟头顶和项前均白色;上体大多金黄色;下体栗色,杂以白斑;尾特长,具黑栗并列的横斑;雌鸟上体大都黄褐,背部黑色显著,具大形矢状白斑;下体淡栗色,向后转为棕黄;尾较短,具不显著黄褐色横斑。

雉属 *Phasianus*

雉鸡 *P. colchicus*

雄鸟羽衣华丽,颈铜绿色;或有或无白色项圈;尾羽长而具横斑;雌鸟羽色苍淡,体羽大都棕黄色而具黑斑;尾羽短,横斑较窄。

七、鹤形目 Gruiformes

鹤形目分科检索

3. 头顶被羽;后趾几乎与前趾平置

　　·······················秧鸡科 Rallidae

　头上有裸出部;后趾位置较前趾为高

　　·······················鹤科 Gruidae

(十三)三趾鹑科 Turnicidae

三趾鹑属 *Turnix*

黄脚三趾鹑 *T. tanki*

体型小(16cm);足三趾,且均向前,足黄色;喉淡黄色,胸橙栗色;虹膜黄色,喙黄色。

(十四)鹤科 Gruidae

鹤科分属检索

头顶无羽,两侧和下颈被羽 ·············· 鹤属 *Grus*
头顶具羽 ··················· 蓑羽鹤属 *Anthropoides*

鹤属 *Grus*

颈的 2/3 黑色;尾羽黑色 ·············· 黑颈鹤 *G. nigricollis*
颈非上述;尾羽黑色 ··············· 灰鹤 *G. grus*

蓑羽鹤属 *Anthropoides*

蓑羽鹤 *A. virgo*

体较灰鹤小,羽毛灰色部位偏重银灰;颈下羽长呈披针状;头具羽冠。

(十五)秧鸡科 Rallidae

秧鸡科分属检索

1. 嘴峰与跗蹠等长,或则较长 ·············· 秧鸡属 *Rallus*

   嘴峰较跗蹠为短 ···································· 2

2. 头无额甲 ·· 3

   头上额甲发达 ······································ 4

3. 跗蹠与中趾(不连爪)等长 ·············· 田鸡属 *Porzana*

   跗蹠较中趾(不连爪)为短 ·········· 苦恶鸟属 *Amaurornis*

4. 趾具瓣蹼 ······································ 骨顶属 *Fulica*

   趾无瓣蹼 ·································· 黑水鸡属 *Gallinula*

秧鸡属 *Rallus*

普通秧鸡 *R. aquaticus*

嘴长直而侧扁,几近红色,先端灰绿色;鼻孔呈缝状,位于鼻沟内。翅短,向后不超过尾长;尾羽短而圆。跗蹠短于中趾,趾细长。虹膜红褐色,脚肉褐色。

田鸡属 *Porzana*

第二枚初级飞羽最长;翅长不及 110 mm ······ 红胸田鸡 *P. fusca*

第三枚初级飞羽最长;翅长不及 94 mm ······ 小田鸡 *P. pusilla*

苦恶鸟属 *Amaurornis*

白胸苦恶鸟 *A. phoenicurus*

额白,胸白;嘴基突起。

骨顶属 *Fulica*

骨顶鸡 *F. atra*

嘴长度适中,高而侧扁;头具额甲,白色;翅短圆;跗蹠短于中趾

（不连爪），趾具瓣蹼。体羽全黑或暗灰黑色。虹膜红褐色；腿、脚、趾及瓣蹼橄榄绿色，爪黑褐色。

黑水鸡属 *Gallinula*

黑水鸡 *G. chloropus*

头具亮红色额甲；翅圆形；中趾（不连爪）约与跗蹠等长，趾具狭窄的直缘膜或蹼；通体黑褐色，嘴黄色，嘴基红色，脚黄绿色，虹膜红色。

（十六）鸨科 Otididae

鸨属 *Otis*

1. 颈侧具黑色和白色长翎；两性相似 ·········· 波斑鸨 *O. undulata*
   颈侧无长翎；两性繁殖羽相异，或体形大小不同，或则繁殖羽和体形大小均不同 ·· 2
2. 体形较大；翅长超过 400 mm；跗蹠长于 80 mm
   ·· 大鸨 *O. tarda*
   体形较小；翅长不及 300 mm；跗蹠短于 80 mm
   ·· 小鸨 *O. tetrax*

八、鸻形目 Charadriiformes

鸻形目分科检索

1. 鼻孔卵圆形，无鼻沟；嘴型宽阔；中爪具栉缘
   ·· 燕鸻科 Glareolidae
   鼻孔直裂，有鼻沟；嘴型细狭；中爪不具栉缘 ···················· 2
2. 跗蹠前缘、后侧具盾状鳞 ···················· 鹬科 Scoiopacidae
   跗蹠前缘、后侧具网状鳞 ·· 3

3. 嘴端具隆起 ················· 鸻科 Charadriidae

嘴端不具隆起 ················· 反嘴鹬科 Recurvirostridae

(十七) 鸻科 Charadriidae

鸻科分属检索

尾羽基部白,端部黑,或具白色末端;翅上具一道白色宽带(除凤
头麦鸡外) ······················· 麦鸡属 *Vanellus*

尾羽黑或褐色,有时具白端;外侧尾羽白或则具白端
···························· 鸻属 *Charadrius*

麦鸡属 *Vanellus*

头上具反曲的长羽冠 ············· 凤头麦鸡 *V. vanellus*

头上无反曲的羽冠 ············· 灰头麦鸡 *V. cinereus*

鸻属 *Charadrius*

1. 后颈具白圈 ························· 2

后颈无白圈 ························· 3

2. 嘴短于中趾(不连爪) ············· 蒙古沙鸻 *C. mongolus*

嘴长于中趾(不连爪) ············· 铁嘴沙鸻 *C. leschenaultii*

3. 胸具完整黑色横带;脚棕黄 ··············· 4

胸部黑色横带不全;脚青辉 ············· 环颈鸻 *C. alexandrinus*

4. 体形较小;体羽暗褐色;眼眶金黄色 ············· 金眶鸻 *C. dubius*

体形较大;体羽沙褐色;眼眶黑色 ············· 剑鸻 *C. hiaticula*

(十八) 鹬科 Scoiopacidae

鹬科分属检索

1. 两眼位置不远位于头侧的后部;耳孔远在眼眶之后 ············· 2

两眼位置远在头侧的后部;耳孔位于眼眶后缘的下方 ·········· 7

2. 趾间基部具蹼 ·········· 3
   趾间基部不具蹼 ·········· 5

3. 嘴型长而向下曲;跗跖后缘具网状鳞 ·········· 杓鹬属 *Numenius*
   嘴型直或向上稍曲;跗跖后缘具盾状鳞 ·········· 4

4. 嘴较尾长;嘴向上稍曲 ·········· 塍鹬属 *Limosa*
   嘴不比尾长;嘴直而不曲 ·········· 鹬属 *Tringa*

5. 嘴型直,呈长锥状 ·········· 翻石鹬属 *Arenaria*
   嘴不呈长锥状 ·········· 6

6. 后趾缺如 ·········· 三趾鹬属 *Crocethia*
   后趾存在 ·········· 滨鹬属 *Calidris*

7. 胫部全被羽 ·········· 丘鹬属 *Scolopax*
   胫部不全被羽 ·········· 8

8. 头顶具中间纵纹;尾羽具圆梢 ·········· 沙锥属 *Gallinago*
   头顶无中间纵纹;尾羽具尖梢 ·········· 姬鹬属 *Lymnocryptes*

杓鹬属 *Numenius*

下背和腰褐色;腋羽白而具黑斑

·········· 大杓鹬 *N. madagascuriensis*

下背和腰白色;腋羽纯白 ·········· 白腰杓鹬 *N. arquata*

塍鹬属 *Limosa*

黑尾塍鹬 *L. limosa*

嘴直而细长,尖端微向上弯曲;脚细长,黑灰色或蓝灰色。眉纹乳白色,贯眼纹黑褐色;颊白色;夏羽头、颈、上胸红棕色,尾羽黑色;冬羽红棕色全部消失。

鹬属 *Tringa*

1. 下背,腰和尾上覆羽不呈白色;这些部位与上背相同 ············ 2

   下背,腰和尾上覆羽呈白色;腋羽白色 ········ 矶鹬 *T. hypoleucos*

2. 下背暗色,与上背相同 ·· 3

   下背白色;上背暗色 ·· 4

3. 第一枚飞羽的羽干暗色;腋羽具狭形白色和更阔的暗栗色带斑

   ·· 白腰草鹬 *T. ochropus*

   第一枚飞羽的羽干白色;腋羽白色,而具褐色横斑

   ··· 林鹬 *T. glareola*

4. 初级飞羽有白色散见于不被覆羽掩盖的部分,内侧初级飞羽亦有

   白色;嘴形直;脚红或橙红色 ································· 5

   次级飞羽和内侧初级飞羽等或许仅于嗍的基部具有白色,嘴显

   然不很向上曲;脚黄绿、橄榄绿或近灰色,在剥制标本更呈暗

   色 ··· 6

5. 夏时次级飞羽具白色和褐灰色斑,并无纯内羽毛;嘴黑;脾暗红色

   ·· 鹤鹬 *T. erythropus*

   夏时上体橄榄褐,有黑竭色点斑;下体白,密杂以黑色点斑;次级飞

   羽中有若干白羽;嘴和脚均红 ··········· 红脚鹬 *T. totanus*

6. 体形较小;翅短于 150 mm 嘴长在 48 mm 以下

   ·· 泽鹬 *T. stagnatilis*

   体形较大;翅长于 150 mm;嘴长在 48 mm 以上

   ·· 青脚鹬 *T. nebularia*

翻石鹬属 *Arenaria*

翻石鹬 *A. interpres*

头、前额、耳羽,喉、腹部白色,头顶与枕具黑色细纵纹;胸、前
颈、尾羽黑色;雌鸟和雄鸟基本相似,但雌鸟上体多为暗赤褐色。

三趾鹬属 *Crocethia*

三趾鹬 *C. alba*

头、颈、上胸红棕色;额、颏、喉白色;足三趾,且均向前,无后趾。

滨鹬属 *Calidris*

1. 嘴端向下曲 ·· 2

   嘴形直 ·· 3

2. 尾上覆羽大都白色 ··················· 弯嘴滨鹬 *C. ferruginea*

   尾上覆羽黑褐色 ····················· 黑腹滨鹬 *C. alpina*

3. 嘴长在 23 mm 以上;翅长超过 120 mm

   ···································· 尖尾滨鹬 *C. acuminata*

   嘴长不及 22 mm;翅长不及 120 mm ············· 4

4. 外侧尾羽大都白色 ················· 青脚滨鹬 *C. teinminckii*

   外侧尾羽暗褐色 ····················· 长趾滨鹬 *C. suhninuta*

丘鹬属 *Scolopax*

丘鹬 *S. rusticola*

头顶淡灰色,头顶及枕具4条黑褐色横斑;眉纹、颊黄白色;胸、腹部具褐色细横斑;翅上具灰色横斑;尾羽黑褐色。

沙锥属 *Gallinago*

1. 体形较大,翅长一般超过 150 mm;尾羽18枚

   ···································· 孤沙锥 *G. solitaria*

   体形较小,翅长不及 150 mm ···················· 2

2. 尾羽14枚 ···························· 扇尾沙锥 *G. gallinago*

   尾羽26或24枚 ······················ 针尾沙锥 *G. stenura*

姬鹬属 *Lymnocryptes*

姬鹬 *L. minimus*

上体为紫绿色,具暗褐色条纹;尾为楔形;胫部无羽;虹膜褐色;嘴黄色且端部黑;脚暗黄。

(十九)反嘴鹬科 Recurvirostridae

反嘴鹬科分属检索

鼻沟不伸过嘴长的一半;无大趾 ⋯⋯⋯⋯⋯ 长腿鹬属 *Himantopus*
鼻沟超过嘴长的一半;大趾或存或缺⋯⋯⋯ 鹮嘴鹬属 *Ibidorhyncha*

鹮嘴鹬属 *Ibidorhyncha*

鹮嘴鹬 *I. struthersii*

体羽灰色,头部、颊、喉黑色,胸具一条黑色斑纹;嘴长而向下弯曲,红色;鼻沟超过嘴长一半。

长腿鹬属 *Himantopus*

黑翅长脚鹬 *H. himantopus*

额、颊、前颈及下体白色;其余部分黑色,且具绿色金属光泽;腿红色;鼻沟不及嘴长一半;无大趾。

(二十)燕鸻科 Glareolidae

燕鸻属 *Glareola*

普通燕鸻 *G. maldivarum*

尾呈叉状,上体棕灰褐色、背土黄色,具橄榄色金属光泽;眼光黑色,额、喉棕黄色。

九、鸥形目 Lariformes

鸥形目分科检索

嘴具蜡膜 ·················· 贼鸥科 Stercorariidae

嘴无蜡膜;嘴甚侧扁;下嘴不较上嘴为长 ·············· 鸥科 Laridae

(二十一)贼鸥科 Stercorariidae

贼鸥属 *Stercorarius*

中贼鸥 *S. pomarinus*

嘴具蜡膜;额、头顶和枕为石板褐色;耳羽、喉两侧及前后颈侧淡黄色,体背暗褐色;初级飞羽和次级飞羽黑褐色;中央一对尾羽最长,黑褐色;颏、喉白色;胸、腹和胁部白色;下腹暗褐色。

(二十二)鸥科 Laridae

鸥科分属检索

1. 上嘴较下嘴为长,先端弯曲成钩状;呈方尾或楔尾 ·············· 2

   嘴形直而尖,上下嘴几等长;呈叉尾状 ·············· 3

2. 后趾退化或缺如 ·············· 三趾鸥属 *Rissa*

   后趾发达 ·············· 鸥属 *Larus*

3. 尾较短,不及翅长之半;趾间蹼呈深凹形 ······· 浮鸥属 *Chlidonias*

   尾较长,超过翅长的一半;趾间蹼不呈深凹形 ······· 燕鸥属 *Sterna*

三趾鸥属 *Rissa*

三趾鸥 *R. tridactyla*

上嘴较下嘴为长,嘴黄色;额、头部、颈部、上背及下体为纯白色;下背、肩、腰银灰色;足三趾,具蹼。

鸥属 *Larus*

1. 头黑色 ·· 2

   头棕褐色 ·· 3

   头白色 ·· 4

2. 体形较大,翅长大于 450 mm ············· 渔鸥 *L. ichthyaetus*

   体形较小,翅长不超过 350 mm ·············· 遗鸥 *L. relictus*

3. 翅长超过 320 mm;第一枚初级飞羽黑褐色,且具一近端白斑

   ····································· 棕头鸥 *L. brunnicephalus*

   翅长不超过 320 mm;第一枚初级飞羽白色,具黑色边缘和先端

   ······································· 红嘴鸥 *L. ridibundus*

4. 尾白,具近端黑色带斑;初级飞羽近黑色,几无白色

   ······································ 黑尾鸥 *L. crassirostris*

   尾纯白;初级飞羽显著杂有白色

   ······································· 黄腿银鸥 *L. cachinnans*

浮鸥属 *Chlidonias*

须浮鸥 *C. hybrida*

   额、头顶、枕部和后上颈黑色;颊、颈侧、颏和喉为白色;尾羽灰白色;其余部分灰色;体型较普通燕鸥小。

燕鸥属 *Sterna*

   翅长不超过 200 mm;嘴黄色··············· 白额燕鸥 *S. albifrons*

   翅长超过 200 mm;嘴暗红色··············· 普通燕鸥 *S. hirundo*

十、鸽形目 Columbiformes

鸽形目分科检索

嘴基柔软;翅端不呈尖形;后趾正常

·················· 鸠鸽科 Columbidae

嘴基非柔软;翅端尖形;后趾退化或全缺

·················· 沙鸡科 Pteroclididae

(二十三)沙鸡科 Pteroclidae

毛腿沙鸡属 *Syrrhaptes*

初级飞羽灰色;腋羽仅白或纯白;腹部具一黑色或棕黑色块斑

·················· 毛腿沙鸡 *S. paradoxus*

初级飞羽黑色;腹部白色无黑斑

·················· 西藏毛腿沙鸡 *S. tibetanus*

(二十四)鸠鸽科 Columbidae

鸠鸽科分属检索

1. 跗蹠较中趾为短 ·················· 2

 跗蹠较中趾为长,或与之等长 ·················· 3

2. 嘴型较厚,体羽大都绿色,翅上通常有一道黄斑

·················· 绿鸠属 *Treron*

 嘴型较细,体羽为其他颜色,但绝无绿色,翅上无明显横斑

·················· 鸽属 *Columba*

3. 两性相似;第二和第三枚飞羽最长 ·············· 斑鸠属 *Streptopelia*

两性不同;第一和第二枚飞羽最长 ············ 火斑鸠属 *Oenopopelia*

绿鸠属 *Treron*

红翅绿鸠 *T. sieboldii*

额黄绿色;头顶橙棕色;背、腰灰色;颏、喉黄绿色;下胸和上腹黄绿色;中央尾羽橄榄绿色,尾下覆羽黑色,具灰色端斑。

鸽属 *Columba*

1. 颈羽延长成尖形 ······················ 点斑林鸽 *C. hodgscnii*
   颈羽不延长成尖形 ······························ 2

2. 头近灰黑色,与颈部分界明显;下体自喉以下纯白色
   ····································· 雪鸽 *C. leuconota*
   头部主要为灰蓝色,与颈部界线不明显;下体灰蓝色·········· 3

3. 尾具一道明显的宽形白色横斑 ·········· 岩鸽 *C. rupesris*
   尾不具白色横斑,几乎全为灰蓝色 ·········· 原鸽 *C. livia*

斑鸠属 *Streptopelia*

1. 后颈具黑领,各黑羽缀以白色点斑
   ··································· 珠颈斑鸠 *S. chinensis*
   后颈无黑领;颈侧各右一丛杂以灰或白色的黑羽··········· 2

2. 颈侧黑羽的斑点暗色近灰;肩羽缘斑呈锈红色
   ··································· 山斑鸠 *S. orientalis*
   后颈有半月状黑领,颈侧无黑色细斑,肩羽无羽缘斑
   ··································· 灰斑鸠 *S. decaocto*

火斑鸠属 *Oenopopelia*

火斑鸠 *O. tranquebarica*

与灰斑鸠相似,背、肩、腰、下腹为葡萄酒红色;尾上覆羽暗灰黑色,外侧尾羽黑色;尾下覆羽白色。

十一、鹃形目 Cuculiformes

(二十五)杜鹃科 Cuculidae

杜鹃科分属检索

1. 跗蹠前缘被羽 ································· 2

   跗蹠前缘裸露 ····················· 噪鹃属 *Eudynamys*

2. 跗蹠仅上部被羽;头具羽冠 ············· 凤头鹃属 *Clamator*

   跗蹠前缘全被羽;头无冠羽 ············· 杜鹃属 *Cuculus*

噪鹃属 *Eudynamys*

噪鹃 *E. scolopaces*

雄鸟通体蓝黑色,具蓝色光泽;雌鸟头部棕色,呈小纵纹状;背、翅、尾羽呈横斑状排列;颏至上胸暗褐色;虹膜深红色;脚蓝灰。

凤头鹃属 *Clamator*

红翅凤头鹃 *C. coromandus*

凤冠黑色;背及尾黑色具蓝色光泽;翅栗红色,喉及胸橙褐色,颈圈白色,腹部近白;嘴黑色;脚铅褐色。

杜鹃属 *Cuculus*

1. 两翅折合时,次级飞羽超过初级飞羽长度的1/2 ··············· 2

   两翅折合式,次级飞羽至少达到初级飞羽长度的2/3,翅长超过

   150 mm ··············· 大鹰鹃 *C. sparverioides*

2. 尾具宽阔的近端黑斑

   ··············· 四声杜鹃 *C. micropterus*

   尾无近端黑斑 ··············· 3

3. 翅长超过 175 mm ·································· 4

翅长短于 175 mm;羽缘灰白;腹部横斑粗阔

·· 小杜鹃 *C. poliocephalus*

4. 翅缘白色且具褐色细斑纹;腹部横斑较细狭

·· 大杜鹃 *C. canorus*

翅缘纯白且无横斑;腹部横纹较粗阔 ········· 中杜鹃 *C. saturatus*

十二、鸮形目 Strigiformes

(二十六)鸱鸮科 Strigidae

鸱鸮科分属检索

1. 面盘和翎领不显著或缺如 ··················· 2

面盘和翎领较显著 ······························· 7

2. 耳羽突发达 ···································· 3

耳羽突形小或缺如 ······························· 5

3. 体形小,翅长在 250 mm 以下 ········ 角鸮属 *Otus*

体形大,翅长在 300 mm 以上 ················· 4

4. 跗蹠局部或完全裸出;趾底具细刺突 ······· 鱼鸮属 *Ketupa*

跗蹠全部被羽;趾底无细刺突 ········· 雕鸮属 *Bubo*

5. 背羽纯色 ···························· 鹰鸮属 *Ninox*

背羽非纯色,具横斑或白点 ·················· 6

6. 背羽具横纹 ···················· 鸺鹠属 *Glaucidium*

背羽具白斑 ························· 小鸮属 *Athene*

7. 耳羽突发达;第二或第二至第三枚初级飞羽最长

·· 耳鸮属 *Asio*

耳羽突缺如 ··· 8

8.眼大;第四至第六枚飞羽最长;外侧5～6枚飞羽内翈端内凹

··· 林鸮属 *Strix*

眼小;第五至第六枚飞羽最长;最外侧2枚飞羽近端处有缺刻

··· 鬼鸮属 *Aegolius*

角鸮属 *Otus*

第一枚初级飞羽短于第八枚;后颈有淡色领斑

································· 领角鸮 *O. bakkamoena*

第一枚初级飞羽长于第八枚;后颈有白或棕白色点斑

································· 红角鸮 *O. scops*

鱼鸮属 *Ketupa*

毛脚鱼鸮 *K. flavipes*

面盘浅灰褐色;耳羽发达;上体橙棕色具灰褐色纵纹;尾羽棕色;喉白色。

雕鸮属 *Bubo*

雕鸮 *B. bubo*

体型最大的鸮,面盘棕栗色;耳羽发达;眼上具一黑色大斑;上体棕褐色具黑色黑斑;下体棕色具宽粗的褐色纵纹。

鹰鸮属 *Ninox*

鹰鸮 *N. cutulata*

上体深棕褐色,头及上背较灰暗;尾淡褐色,具5道黑褐色带斑;胸以下为白色,杂以褐斑。

鸺鹠属 *Glaucidium*

具显著领斑;翅长不及105 mm ················ 领鸺鹠 *G. brodiei*

无领斑;翅长超过 110 mm ·················· 斑头鸺鹠 *G. cuculoides*

小鸮属 *Athene*

纵纹腹小鸮 *A. noctua*

上体沙褐色,下体棕白色;腹部和两肋具褐色纵纹;体长 220~
240cm。

耳鸮属 *Asio*

腹羽具横斑和纵纹,耳羽突长而显著 ·············· 长耳鸮 *A. otus*
腹羽具纵纹而无横斑;耳羽较短而不显著
·················· 短耳鸮 *A. flammeus*

林鸮属 *Strix*

灰林鸮 *S. aluco*

上体褐灰色;飞羽暗褐色,具淡棕色斑点;腹部白色,具褐色横斑。

鬼鸮属 *Aegolius*

鬼鸮 *A. funereus*

额、头顶、枕土褐色,具白色圆形斑点;面盘白色,具暗色边缘;
体羽羽缘土褐色,具少量白色斑点。

十三、夜鹰目 Caprimulgiformes

(二十七)夜鹰科 Caprimulgidae

夜鹰属 *Caprimulgus*

四对外侧尾羽具近端白斑(♂) ················ 普通夜鹰 *C. indicus*
仅一对外侧尾羽具近端白斑(♂) ·············· 欧夜鹰 *C. europaeus*

十四、雨燕目 Apodiformes

（二十八）雨燕科 Apodidae

雨燕科分属检索

跗跖裸出或几近全裸；尾羽羽干向后延长成针状

·· 针尾雨燕属 *Hirundapus*

跗跖被羽；尾羽正常 ······························· 雨燕属 *Apus*

针尾雨燕属 *Hirundapus*

白喉针尾雨燕 *H. caudacutus*

喉白；翼上覆羽、肩羽蓝绿色；额灰白，背灰色；尾羽黑色，具蓝绿色光泽，尾羽羽轴坚硬如针。

雨燕属 *Apus*

腰无白色 ···································· 楼燕 *A. apus*

腰具白斑 ······························· 白腰雨燕 *A. pacificus*

十五、佛法僧目 Coraciiformes

佛法僧目分科检索

1. 嘴形粗厚而直 ·· 2

   嘴形细长而向下曲，头具羽冠 ·············· 戴胜科 Upupidae

2. 嘴短；翅形长圆，仅有 10 枚飞羽；尾脂腺裸出

   ····································· 佛法僧科 Coraciidae

   嘴长；翅形短圆，仅有 11 枚飞羽；尾脂腺被羽······ 翠鸟科 Alcedinidae

(二十九)戴胜科 Upupidae

戴胜属 *Upupa*

戴胜 *U. epops*

头具显著羽冠,呈棕栗色;上体大部棕褐色;尾羽黑色,中部具一宽阔的白斑;翼黑色,初级飞羽端部具白斑,次级飞羽具4列白斑。

(三十)佛法僧科 Coraciidae

三宝鸟属 *Eurystomus*

三宝鸟 *E. orientalis*

头、颈黑褐色;背部及两翼为纯橄榄绿色;初级飞羽端部具一宽阔的天蓝色横斑;尾黑色。

(三十一)翠鸟科 Alcedinidae

翠鸟科分属检索

1. 体羽黑白斑驳 ················· 鱼狗属 *Ceryle*

   体羽非黑白斑驳 ·················· 2

2. 尾较嘴长;翅形短圆 ············· 翡翠属 *Halcyon*

   尾较嘴短;翅形尖长 ·············· 翠鸟属 *Alcedo*

翠鸟属 *Alcedo*

普通翠鸟 *A. atthis*

额至后颈为蓝绿色,杂以鲜艳翠蓝色细横纹;额两侧、颊、耳区栗棕色;下体栗棕色;背翠蓝色;肩、翼羽暗绿蓝色。

翡翠属 *Halcyon*

蓝翡翠 *H. pileata*

嘴比尾长;头部绒黑色;颈、喉、腹为白色;背、翼、尾深钴蓝色。

鱼狗属 *Ceryle*

冠鱼狗 *C. lugubris*

体羽以黑白色为主,具羽冠。

十六、鴷形目 Piciformes

(三十二)啄木鸟科 Picidae

啄木鸟科分属检索

1. 尾羽羽干柔软 ·· 2
   尾羽羽干强硬 ··· 3
2. 尾不及翅长的3/5;鼻孔被羽 ············ 姬啄木鸟属 *Picumnus*
   尾长超过翅长的3/4;鼻孔被膜 ················ 蚁鴷属 Jynx
3. 仅具三趾 ···················· 三趾啄木鸟属 *Picoides*
   具四趾 ·· 4
4. 体羽纯黑色 ···················· 黑啄木鸟属 *Dryocopus*
   体羽非纯黑色 ·· 5
5. 体羽黑白斑驳;背面呈黑白色 ·········· 斑啄木鸟属 *Dendrocopos*
   体羽纯绿或大都绿色 ·············· 绿啄木鸟属 *Picus*

蚁鴷属 *Jynx*

蚁鴷 *J. torquilla*

体羽黑褐色,上体及尾棕褐色,自后枕至下背有一暗黑色菱形斑块;下体具有细小横斑,尾较长,有数条黑褐色横斑。

姬啄木鸟属 *Picumnus*

斑姬啄木鸟 *P. innominatus*

上体以烟褐色为主,背、腰为橄榄黄色;颊、前颈、腹部、尾下具黑白色纹。雄鸟前额橘黄色。虹膜红色;嘴黑色;脚灰色。

绿啄木鸟属 *Picus*

灰头绿啄木鸟 *P. canus*

全身羽毛大多为绿色,额部和头顶具一鲜红色大斑。

斑啄木鸟属 *Dendrocopos*

1. 第二枚飞羽较第六枚为长 …………… 星头啄木鸟 *D. canicapillus*

   第二枚飞羽较第六枚为短 ……………………………………… 2

2. 体形小;翅长小于110 mm ……………… 小斑啄木鸟 *D. minor*

   体形较大,翅长大于110 mm …………………………………… 3

3. 下体有纵纹;胸具赤色块斑 ………… 赤胸啄木鸟 *D. cathpharius*

   下体无纵纹;胸无赤色块斑 …………………… 大斑啄木鸟 *D. major*

三趾啄木鸟属 *Picoides*

三趾啄木鸟 *P. tridactylus*

体羽以黑色为主,具白斑;头顶黑绿色,羽缘金黄色;上背及背部中央部位白色。腰黑。仅具三趾。

黑啄木鸟属 *Dryocopus*

黑啄木鸟 *D. martius*

通体几纯黑色;雄鸟额、头顶和枕为血红色;雌鸟仅后枕血红色。

十七、雀形目 Passeriformes

雀形目分科检索

1. 跗蹠后缘钝，具盾状鳞 ················ 百灵科 Alaudidae
   跗蹠后缘侧扁成棱状，光滑无鳞 ····················· 2
2. 上下嘴前段嘴缘具细形锯齿 ·························· 3
   上下嘴缘无锯齿 ····································· 4
3. 翅端圆型；初级飞羽10枚 ········· 花蜜鸟科 Nectariniidae
   翅端方型；初级飞羽9枚（除一种外）········ 啄花鸟科 Dicaeidae
4. 翅端圆型；初级飞羽10枚，其第一枚较最长者短甚 ········· 5
   翅端尖型或方型；初级飞羽大都为9枚，若为10枚时，其第一枚特别
       短小（退化飞羽）其长度一般不超过初级覆羽（少数例外）····· 24
5. 足攀型；后趾（连爪）与中趾（连爪）等长或更长；嘴不具缺刻
       ··· 6
   足非攀型；后趾（连爪）较中趾（连爪）为短；嘴常具缺刻 ······· 8
6. 嘴细长而下曲或略下曲；鼻孔裸露呈缝隙状；后爪长于后趾
       ··· 7
   嘴尖直；鼻孔有稀疏羽须掩盖着，后爪较后趾为短
       ··· 䴓科 Sittidae
7. 尾较短，约为翅长的一半；尾羽正常 ········ 旋壁雀科 Tichidromidae
   尾较长，约与翅等长；尾羽坚挺，羽端楔形 ····· 旋木雀科 Certhiidae
8. 跗蹠前缘被靴状鳞（少数例外）··················· 9
   跗蹠前缘被盾状鳞 ······························· 13
9. 体羽柔长而疏松；颈羽具纤羽如发；跗蹠短弱
       ······································· 鹎科 Pycnonotidae

体型较小,翅长不超过 100 mm;尾长不超过 60 mm;嘴须缺如

················· 鹪鹩科 Troglodytidae

21. 腰羽羽轴坚硬 ·············· 山椒鸟科 Campephagidae

腰羽羽轴正常 ·· 22

22. 嘴强壮而侧扁,上嘴具沟与缺刻,并常有齿突

················· 伯劳科 Laniidae

嘴型较细,常具缺刻,沟与缺刻并存时,嘴多少呈平扁状 ······· 23

23. 体羽纯黑或暗灰;尾羽 10 枚,呈深叉状 ······· 卷尾科 Dicruridae

体羽各式各样;尾羽 12 枚,不呈深叉状 ······· 画眉科 Timaliidae

24. 第一枚飞羽(最外侧退化飞羽若存在时不计入)最长,其内侧数

枚突形缩,因成尖形翼端 ··························· 25

第一枚初级飞羽(退化飞羽除外)与其内侧数枚几等长,因成方

形翼端 ··· 27

25. 嘴短阔而平扁;初级飞羽 9 枚,脚细弱 ······· 燕科 Hirundinidae

嘴短强而不平扁;初级飞羽 10 枚;脚正常 ··················· 26

26. 翅与尾均具辉斑 ··············· 太平鸟科 Bombycillidae

翅与尾均无辉斑 ··············· 椋鸟科 Sturnidae

27. 初级飞羽 9 枚,最长的次级飞羽接近翼端,后爪常特长

················· 鹡鸰科 Motacillidae

初级飞羽 10 枚(雀科及部分文鸟例外),其最外侧者甚形退化;

最长的次级飞羽达翅长之半或稍超过;后爪正常 ·········· 28

28. 嘴不呈圆锥状 ································· 29

嘴粗短呈圆锥状 ······························· 33

29. 嘴型平扁 ·································· 30

嘴不呈平扁状 ······························· 31

30. 尾较翅短 ······················· 鹟科 Muscicapidae

尾较翅长甚 ······················· 王鹟科 Monarchinae

31. 体型纤小,翅长不及 60 mm;退化飞羽形小而具锐端,呈镰刀状;
　　上体几纯绿色,眼周具白环 ……… 绣眼鸟科 Zosteropidae
　　体型适中,翅长超过 60 mm;退化飞羽稍大而具圆端;上体无绿
　　色,眼周无白环 ……………………………………… 32
32. 鼻孔被以盖膜,完全裸露,嘴须存在 ……… 岩鹨科 Prunellidae
　　鼻孔盖膜被羽须掩盖着;无嘴须(鹩哥属例外)
　　　…………………………… 椋鸟科(部分)Sturnidae
33. 初级飞羽 10 枚 ……… 梅花雀科 Estrildidae
　　初级飞羽 9 枚 ……………………………………… 34
34. 尾端平或略圆,若略呈凹形,其外侧尾羽也无白色
　　　…………………………………… 雀科 Passeridae
　　尾端呈凹形或叉状 ……………………………………… 35
35. 下嘴的底缘甚曲;上下嘴的嘴缘并不处处接触,因而形成间隙
　　　…………………………………… 鹀科 Emberizidae
　　下嘴的底缘稍曲向上;上下嘴的嘴缘互相紧接
　　　…………………………………… 燕雀科 Fringillidae

(三十三)百灵科 Alaudidae

百灵科分属检索

1. 初级飞羽 9 枚,第一枚几达翅端 ……………… 2
　　初级飞羽 10 枚,第一枚甚短小 ……………… 3
2. 头顶两侧各具一簇突出的黑色羽毛
　　　…………………… 角百灵属 *Eremophila*
　　头顶两侧无突出羽毛 ……… 沙百灵属 *Calandrella*
3. 羽冠由头顶中央少数长羽所组成 ……… 凤头百灵属 *Galerida*
　　羽冠短或付缺 ………………………………… 4

4. 翅长,几乎达至尾端;尾羽除中央一对外,具白色端斑

  ·· 百灵属 *Melanocorypha*

  翅短,不达尾端;尾羽白色只限于外侧两对,不具白色端斑

  ·· 云雀属 *Alauda*

角百灵属 *Eremophila*

角百灵 *E. alpestris*

上体暗褐色,下体偏白;头顶两侧具黑色角状羽冠;胸部具黑色斑带。

沙百灵属 *Calandrella*

1. 翅折合时,三级飞羽与翅端之距,超过或等于跗蹠长度

  ·················· (亚洲)短趾百灵 *C. cheleensis*

  翅折合时,三级飞羽与翅短之距,小于跗蹠长度 ·················· 2

2. 第4枚初级飞羽显著短于第3枚,距翅端约7~10 mm

  ·················· (大)短趾百灵 *C. brachydactyla*

  第4枚初级飞羽与前三枚几等长,距翅端约2 mm

  ·················· 细嘴短趾百灵 *C. acutirostris*

百灵属 *Melanocorypha*

体较小,胸具黑带 ·················· 蒙古百灵 *M. mongolica*

体型大,胸无黑带 ·················· 长嘴百灵 *M. maxima*

凤头百灵属 *Galerida*

凤头百灵 *G. cristata*

上体沙褐色具黑褐色纵纹,下体近白色,胸具褐色纵纹;头顶中央几枚冠羽较长。

云雀属 *Alauda*

体型较大;雄鸟翅长在 100 mm 以上;第 5 枚初级飞羽距翅端一般
达 5 mm ···································· 云雀 *A. arvensis*

体型较小;雄鸟翅长不超过 100 mm;第 5 枚初级飞羽距翅端一般
短于 5 mm ···································· 小云雀 *A. gulgula*

(三十四)燕科 Hirundinidae

燕科分属检索

1. 跗蹠与趾均被羽 ···································· 毛脚燕属 *Delichon*
   跗蹠与趾均裸出或仅跗蹠后侧具一羽簇 ···································· 2
2. 上体羽毛大都辉蓝黑色 ···································· 燕属 *Hirundo*
   上体羽毛褐色无光辉 ···································· 3
3. 尾羽无白斑 ···································· 沙燕属 *Riparia*
   尾羽具白斑 ···································· 岩燕属 *Ptyonoprogne*

毛脚燕属 *Delichon*

毛脚燕 *D. urbicum*

下体及尾下覆羽白色;尾深叉形。

燕属 *Hirundo*

腰蓝黑色,下体无条纹 ···································· 家燕 *H. rustica*

腰呈栗色,下体有条纹 ···································· 金腰燕 *H. daurica*

沙燕属 *Riparia*

崖沙燕 *R. riparia*

喉白色,胸具特征性的褐色胸带;跗蹠有一束纤羽。

岩燕属 *Ptyonoprogne*

岩燕 *P. rupestris*

尾羽除中央一对和最外侧一对外,其余内㶉均具大而圆的白斑;翅长超过 120 mm;尾下覆羽较下腹更暗。

(三十五)鹡鸰科 Motacillidae

鹡鸰科分属检索

1. 背羽具纵纹 ……………………………………………… 鹨属 *Anthus*
   背羽纯色,无纵纹 ………………………………………………… 2

2. 尾呈圆尾状,中央尾羽较外侧尾羽长 ………… 鹡鸰属 *Motacilla*
   尾呈凹尾状,中央尾羽较外侧尾羽短 …… 山鹡鸰属 *Dendronanthus*

鹨属 *Anthus*

1. 尾羽端部狭长而呈尖形;下体除颏、喉和下腹等的中央部外,悉具
   黑色狭细纵纹 ……………………………………… 山鹨 *A. sylvanus*
   尾羽端部正常 …………………………………………………… 2

2. 后爪显著弯曲,且显较后趾为短 ………………………………… 3
   后爪稍曲,较后趾长或等长,有时仅稍短些 …………………… 4

3. 背羽赭褐色,纵纹粗著 ……………………………… 林鹨 *A. trivialis*
   背羽橄榄绿色,纵纹较细 …………………… 树鹨 *A. hodgsoni*

4. 体侧几乎纯色,纵纹不显著或缺如 ……………………………… 5
   体侧具粗形或暗色纵纹 …………………………………………… 7

5. 胸呈沙棕色;后爪淡褐色 ………………………………………… 6
   胸部纯白,至繁殖期转为淡葡萄红色;后爪黑色
   ……………………………………………… 水鹨 *A. spinoletta*

6. 胸具纵纹;跗蹠 25～27 mm;后爪长度不及 12 mm
   ……………………………………………… 布氏鹨 *A. godlewskii*

胸具斑点或条纹;跗蹠较长,达29~33 mm;后爪长度超过12 mm
·························· 田鹨 *A. richardi*

7. 背部羽毛或多或少具白缘 ·························· 北鹨 *A. gustavi*

背部羽毛无白缘 ························· 8

8. 成鸟胸部密杂以黑色纵纹;翅上内侧覆羽羽端缘纯白;腰纯色无
斑 ·························· 草地鹨 *A. pratensis*

成鸟胸部无黑纹,或仅于下胸微具一些;翅上覆羽羽端缘沾黄;腰
或为纯色,或具黑斑 ·························· 9

9. 腰为纯色;腋羽黄色 ·························· 粉红胸鹨 *A. roseatus*

腰具黑斑;腋羽褐色或近白 ·························· 红喉鹨 *A. cervinus*

鹡鸰属 *Motacilla*

1. 后爪稍曲,显较后趾更长 ·························· 2

后爪显著弯曲,较后趾短 ·························· 3

2. 额和眉纹均黄色;背黑或灰;第三枚飞羽端部外翈削入变狭的部
分,长约20 mm,达第七枚飞羽末端的位置

·························· 黄头鹡鸰 *M. citreola*

头顶几无黄色,如有黄色眉纹时,额亦不同时为黄色;背橄榄色;
第三枚飞羽端部外翈削入变狭的部分,长约15 mm,达第六枚
飞羽末端的位置 ·························· 黄鹡鸰 *M. flava*

3. 下体大都黄色 ·························· 灰鹡鸰 *M. cinerea*

下体大都白色 ·························· 白鹡鸰 *M. alba*

山鹡鸰属 *Dendronanthus*

山鹡鸰 *D. indicus*

上体橄榄褐,翼上有两道明显的白斑;下体白色,胸部有两道黑
色横带。

(三十六)山椒鸟科 Campephagidae

山椒鸟科分属检索

尾较短,呈浅凸状,最外侧尾羽超过尾长之3/4······ 鹃鵙属 *Coracina*

尾长,呈深凸状,最外侧尾羽不及尾长之半

······ 山椒鸟属 *Pericrocotus*

鹃鵙属 *Coracina*

暗灰鹃鵙 *C. melaschistos*

两翅和尾黑,尾羽大都具白端;次级飞羽与最长初级飞羽的距离约与跗蹠等长。

山椒鸟属 *Pericrocotus*

1. 体羽大都红色(♂)或黄色(♀),喉黑(♂)或黄白(♀)

······ 长尾山椒鸟 *P. ethologus*

   体羽大都灰色,喉白色 ······ 2

2. 上体全为暗灰色 ······ 灰山椒鸟 *P. divaricatus*

   上体暗灰,腰带砂褐色 ······ 粉红山椒鸟 *P. roseus*

(三十七)鹎科 Pycnonotidae

鹎科分属检索

嘴型特短厚,如鹦鹉嘴状;鼻孔几乎全被羽掩盖

······ 雀嘴鹎属 *Spizixos*

嘴型适中;鼻孔裸露 ······ 鹎属 *Pycnonotus*

雀嘴鹎属 *Spizixos*

领雀嘴鹎 *S. semitorques*

体橄榄色,头及喉偏黑;羽冠不显著;颈有半领状白圈。

鹎属 *Pycnonotus*

尾下覆羽黄色或橙黄色;颈背黑色

     ······························· 黄臀鹎 *P. xanthorrhous*

尾下覆羽白色;眼后一白色宽纹伸至颈背

     ································· 白头鹎 *P. sinensis*

(三十八)太平鸟科 Bombycillidae

太平鸟属 *Bombycilla*

                 太平鸟 *B. garrulus*

头部有长而尖的冠羽;尾羽具黄端;次级飞羽羽轴末端具红色蜡质突起。

(三十九)伯劳科 Laniidae

伯劳属 *Lanius*

1. 尾上覆羽与中央尾羽异色 ······ 2

   尾上覆羽与中央尾羽几相同色 ······ 7

2. 初级飞羽基部具白斑 ······ 3

   初级飞羽基部无白斑 ······ 灰背伯劳 *L. tephronotus*

3. 尾上覆羽灰色,额羽非黑色 ······ 4

   尾上覆羽棕色,额羽黑色 ······ 棕背伯劳 *L. schach*

4. 体大,上体褐灰或灰色 ······ 5

   体小,上体非单一的灰色 ······ 6

5. 大型,尾较长,超过 130 mm ······ 楔尾伯劳 *L. sphenocercus*

   中型,尾较短,不及 125 mm ······ 灰伯劳 *L. excubitor*

6. 头顶栗色,肩、背及尾上覆羽灰色,尾褐色

     ··················· 牛头伯劳(♂)*L. bucephalus*

头顶及上背灰色,下背红褐,尾黑、白二色(♀褐、白二色)

·· 红背伯劳 *L. collurio*

7. 初级飞羽基部具白斑·················· 荒漠伯劳(♂)*L. isabellinus*

　初级飞羽基部无白斑 ····································· 8

8. 背呈栗色并具黑色横斑,下体纯白 ·········· 虎纹伯劳 *L. tigrinus*

　背羽以褐色为主而无横斑,下体非纯白··················· 9

9. 头顶栗色,背羽灰褐;下体有显著而广泛的黑褐色鳞纹

·· 牛头伯劳(♀)*L. bucephalus*

　头顶与背羽为一致的沙褐色或褐色,下体鳞纹不显著并局限于

　　胸、胁部 ·· 10

10. 圆型尾,最外侧尾羽尖端距中央尾羽末端约 19～25 mm

·· 红尾伯劳 *L. cristatus*

　凸型尾,最外侧尾羽尖端距中央尾羽末端约 8～14 mm

·· 荒漠伯劳(♀)*L. isabellinus*

(四十)黄鹂科 Oriolidae

黄鹂属 *Oriolus*

黑枕黄鹂 *O. chinensis*

体羽主要为黄和黑色;黑色过眼纹贯通头顶枕部。

(四十一)卷尾科 Dicruridae

卷尾属 *Dicrurus*

1. 额具发冠 ·························· 发冠卷尾 *D. hottentottus*

　额无发冠 ··· 2

2. 上体深辉黑色························· 黑卷尾 *D. macrocercus*

　上体灰色····························· 灰卷尾 *D. leucophaeus*

(四十二)椋鸟科 Sturnidae

椋鸟科分属检索

额羽短而向后倾;头侧通常完全被羽

⋯⋯⋯⋯⋯⋯⋯⋯⋯⋯⋯⋯⋯⋯⋯ 椋鸟属 *Sturnus*

额羽甚多,形特长而竖立;头侧或完全被羽,或局部裸出

⋯⋯⋯⋯⋯⋯⋯⋯⋯⋯⋯⋯⋯⋯ 八哥属 *Acridotheres*

椋鸟属 *Sturnia*

1. 羽冠甚著,较跗蹠为长;繁殖雄鸟亮黑,背、胸及两胁粉红

⋯⋯⋯⋯⋯⋯⋯⋯⋯⋯⋯⋯ 粉红椋鸟 *S. roseus*

羽冠适中,不及跗蹠的长度;体羽无特异性粉色 ⋯⋯⋯⋯ 2

2. 嘴型较细,较头为短;头灰色,后头部具黑色斑块

⋯⋯⋯⋯⋯⋯⋯⋯⋯⋯⋯⋯ 北椋鸟 *S. sturninus*

嘴型较粗,与头几等长;头黑色 ⋯⋯⋯⋯⋯⋯⋯⋯⋯⋯ 3

3. 头与背均黑,具辉紫或辉绿光泽;成鸟体辉黑散布白点斑

⋯⋯⋯⋯⋯⋯⋯⋯⋯⋯⋯⋯ 紫翅椋鸟 *S. vulgaris*

头黑,背褐灰色,头侧具灰白纵纹 ⋯⋯⋯ 灰椋鸟 *S. sineraceus*

八哥属 *Acridotheres*

八哥 *A. cristatellus*

体黑色,翅具白斑;冠羽突出;嘴基部红或粉红;尾下覆羽黑而具狭形白端。

(四十三)鸦科 Corvidae

鸦科分属检索

1. 鼻孔距前额约为嘴长的1/3,鼻须硬直,达嘴中部 ⋯⋯⋯⋯ 2

鼻孔距前额不及嘴长的 1/4，鼻须短，不达嘴中部 ················ 3

2. 尾远较翅为短 ··· 鸦属 *Corvus*

尾远较翅为长 ··· 鹊属 *Pica*

3. 尾凸甚显著，外侧尾羽不及尾长之半 ···························· 4

尾凸不显著，外侧尾羽超过尾长之半 ···························· 5

4. 嘴为红或黄色 ································ 蓝鹊属 *Urocissa*

嘴为黑色，体羽主要为蓝灰色 ············ 灰喜鹊属 *Cyanopica*

5. 嘴为红或黄色 ·························· 山鸦属 *Pyrrhocorax*

嘴为暗色或黑色 ··· 6

6. 嘴较细而弧曲 ··························· 地鸦属 *Podoces*

嘴较粗而直 ··· 7

7. 上嘴端处具缺刻；羽色鲜艳，大部分呈葡萄褐色

·· 松鸦属 *Garrulus*

上嘴无缺刻，嘴形直，体色幽暗 ··············· 8

8. 体羽无白斑，嘴长不及 30 mm ·············· 噪鸦属 *Perisoreus*

体羽具白斑，嘴长达 40 mm 以上 ············ 星鸦属 *Nucifraga*

鸦属 *Corvus*

1. 体型较大，翅长超过 380 mm ··············· 渡鸦 *C. corax*

体型较小，翅长不及 380 mm ···························· 2

2. 脸和嘴基裸出；下体具浓著的蓝紫色金属辉亮

···································· 秃鼻乌鸦 *C. frugilegus*

脸和嘴基被羽；下体辉亮较差，为暗绿色或深蓝色（白颈鸦除外）

··· 3

3. 颈无白环 ··· 4

颈有白环 ··· 5

4. 嘴型较粗；后颈羽毛柔软松散如发，羽干不明显

···································· 大嘴乌鸦 *C. macrorhynchus*

嘴型较细;后颈羽毛结实而富有光泽,羽干发亮

.... 小嘴乌鸦 *C. corone*

5.腹部白色.. 寒鸦 *C. monedula*

腹部黑色 .... 白颈鸦 *C. torquatus*

鹊属 *Pica*

喜鹊 *P. pica*

通体除两肩、初级飞羽内翈和腹部为白色外,概黑色;翅、尾具金属光泽。

蓝鹊属 *Urocissa*

红嘴蓝鹊 *U. erythrorhyncha*

尾长达翅长的两倍左右,尾楔形,外侧尾羽黑色而端白;下体近白;嘴红;头黑而顶冠白。

灰喜鹊属 *Cyanopica*

灰喜鹊 *C. cyana*

体色主要为蓝灰和黑色;顶冠、耳羽及后枕黑色;嘴黑;尾长。

山鸦属 *Pyrrhocorax*

嘴红色 .... 红嘴山鸦 *P. pyrrhocorax*

嘴黄色 .... 黄嘴山鸦 *P. graculus*

地鸦属 *Podoces*

黑尾地鸦 *P. hendersoni*

体沙褐色,尾羽金属蓝黑色;颊、颏非黑色。

松鸦属 *Garrulus*

松鸦 *G. glandarius*

体羽偏粉色,髭纹黑色;翼上具蓝、黑、白相间横斑;尾上覆羽纯白。

噪鸦属 *Perisoreus*

黑头噪鸦 *P. internigrans*

体形似乌鸦但较小,头为黑色,体羽黑及灰褐色、不鲜亮。

星鸦属 *Nucifraga*

星鸦 *N. caryocatactes*

体羽大都咖啡褐色,密布白点斑;翅黑,尾下覆羽及尾羽端白色显著。

(四十四)河乌科 Cinclidae

河乌属 *Cinclus*

喉和胸白色,与腹不同 ···································· 河乌 *C. cinclus*

喉和胸浓褐色,与腹同色 ······················ 褐河乌 *C. pallasii*

(四十五)鹪鹩科 Troglodytidae

鹪鹩属 *Troglodytes*

鹪鹩 *T. troglodytes*

体小,黄褐色体羽遍布狭窄的黑横纹;嘴细;尾上翘。

(四十六)岩鹨科 Prunellidae

岩鹨属 *Prunella*

1.体型较大,翅长超过88 mm,胸纯灰褐色

···································· 领岩鹨 *P. collaris*

体型较小,翅长不及85 mm,胸非纯灰褐色 ·············· 2

2.上体无斑纹 ·············· 栗背岩鹨 *P. immaculate*

上体具斑纹 ···································· 3

3. 无眉纹 ·· 4
   有眉纹 ·· 5

4. 胸具锈红色横带 ············· 鸲岩鹨 *P. rubeculoides*
   胸无锈红色横带 ············· 贺兰山岩鹨 *P. koslowi*

5. 眉纹棕红,背上具黑纹,胸棕红色 ········· 棕胸岩鹨 *P. strophiata*
   眉纹白或棕白色,背具暗褐色纵纹,胸淡棕
   ·· 褐岩鹨 *P. fulvescens*
   眉纹深棕,背具红棕色纵纹,胸深棕白
   ·································· 棕眉山岩鹨 *P. montanella*

(四十七)鸫科 Turdidae

鸫科分属检索

1. 翅形尖,不很短,翅长约为跗蹠长度的3倍或多 ········· 2
   翅甚短圆,不及跗蹠长度的 2.5倍 ······· 短翅鸫属 *Hodgsonius*
   翅特尖长,约为跗蹠长度的5倍 ········· 大翅鸫属 *Grandala*

2. 体较大,翅长超过110 mm ····························· 3
   体较小,翅长在110 mm以下 ·························· 7

3. 嘴型宽阔,嘴基的宽度较嘴长之半为长,嘴须不显著
   ······································· 宽嘴鸫属 *Cochoa*
   嘴型较狭,嘴基的宽度较嘴长之半为短,嘴须发达 ········· 4

4. 次级飞羽下面呈一道明显白色带斑 ········· 地鸫属 *Zoothera*
   次级飞羽下面无白斑 ······························ 5

5. 体羽几全蓝黑色 ····························· 啸鸫属 *Myiophoneus*
   体羽不呈蓝黑色 ··································· 6

6. 腋羽及翅下覆羽两性均为纯色;雄性体羽不呈蓝色
   ······································· 鸫属 *Turdus*

腋羽及翅下覆羽雄为纯色、雌呈两色相杂状;雄性体羽主要为蓝
色 ··· 矶鸫属 Monticola

7. 第一枚飞羽较长阔,约达 6 mm×50 mm,或更长阔 ·············· 8
   第一枚飞羽较短窄 ·· 9

8. 中央尾羽黑,外侧尾羽主要为白色 ·········· 鹊鸲属 Copsychus
   尾或纯黑,或黑而于羽基具有显著白斑 ········ 地鸲属 Cinclidium

9. 脚为黑色或黑褐色 ··· 10
   脚为别的颜色 ··· 14

10. 尾有栗红色 ··· 11
    尾无栗红色 ··· 13

11. 尾较短,约为跗蹠长度的 2 倍;雌雄异色

    ·· 水鸲属 Rhyacornis
    尾较长,远超过跗蹠长度的 2 倍,雌雄相同或不同 ·········· 12

12. 尾呈圆尾状;习性近水,雌雄同色

    ··· 溪鸲属 Chaimarrornis
    尾呈方尾状;习性陆栖,雌雄异色

    ··· 红尾鸲属 Phoenicurus

13. 尾全黑,或仅具白色羽缘 ················· 石䳭属 Saxicola
    中央尾羽黑而具白色基部;外侧尾羽白而具黑端

    ··· 䳭属 Oenanthe

14. 尾呈深叉状 ································· 燕尾属 Enicurus
    尾不呈叉状 ··· 15

15. 跗蹠较粗长,其长度一般在 25 mm 以上 ········ 歌鸲属 Luscinia
    跗蹠较短细,其长度大多在 26 mm 以下(金色林鸲除外)

    ··· 鸲属 Tarsiger

短翅鸫属 *Hodgsonius*

白腹短翅鸫 *H. phoenicuroides*

雄鸟头、胸及上体青石蓝色,腹部白;雌鸟全身暗橄榄褐,下体较淡。

大翅鸫属 *Grandala*

蓝大翅鸫 *G. coelicolor*

雄鸟通体亮紫蓝色,眼先、翅、尾黑色;雌鸟体羽大都褐色,覆羽羽端白色。

宽嘴鸫属 *Cochoa*

紫宽嘴鸫 *C. purpurea*

头顶淡紫蓝色,尾淡紫色而端黑;雄鸟体羽大都褐紫,雌鸟大都红褐色。

地鸫属 *Zoothera*

1. 下体不具鳞状斑纹;发白的眉纹明显
   ·· 白眉地鸫 *Z. sibirica*
   下体具鳞状斑纹(羽具显著黑或褐色羽端斑);无明显白色眉纹
   ··· 2

2. 上体具鳞状斑纹 ···························· 虎斑地鸫 *Z. dauma*
   上体不具鳞状斑纹 ························ 长尾地鸫 *Z. dixoni*

啸鸫属 *Myiophoneus*

紫啸鸫 *M. caeruleus*

通体深紫蓝色,并具闪亮的蓝色点斑。

鸫属 *Turdus*

1. 黑或暗褐色体羽上发白的颈环明显 ············ 白颈鸫 *T. albocinctus*

无白色颈环 ……………………………………………………… 2

2. 全身黑或黑褐色 …………………………… 乌鸫 *T. merula*

体羽非纯黑或暗褐色 ………………………………………… 3

3. 后颈与背不同色 …………………………………………… 4

后颈与背同色 ………………………………………………… 6

4. 胸及两胁满布黑色斑纹 …………………… 田鸫 *T. pilaris*

胸及两胁纯色无斑纹 ………………………………………… 5

5. 头黑 ……………………………… 棕背黑头鸫 *T. kessleri*

头灰 …………………………………… 灰头鸫 *T. rubrocanus*

6. 翅下覆羽和腋羽完全或局部为栗或橙黄色 ……………… 7

翅下覆羽和腋羽呈灰色或棕灰色 ………… 白腹鸫 *T. pallidus*

7. 胁具斑点 …………………………………………………… 8

胁无斑点 …………………………………………………… 9

8. 耳羽纯灰褐或暗褐色 ……………………… 斑鸫 *T. eunomus*

耳羽前棕后黑,形成显著的黑色斑块

……………………… 宝兴歌鸫 *T. mupinensis*

9. 体侧棕红色,上喉近白杂以灰色,下喉和胸灰色

……………………… 灰背鸫 *T. hortulorum*

体侧白,杂以灰色,喉和胸均栗红色或黑色

……………………… 赤颈鸫 *T. ruficollis*

矶鸫属 *Monticola*

1. 翅上有明显白斑;脸部黑,头顶及喉蓝色

……………………… 蓝头矶鸫(♂)*M. cinclorhynchus*

翅上无白斑;脸部、头顶及喉不同时具上述特征 …………… 2

2. 较长的尾上覆羽栗棕色 …………………… 白背矶鸫 *M. saxatilis*

尾上覆羽无栗棕色 …………………………………………… 3

–146

3. 翅长不超过 100 mm;喉白色 ········ 蓝头矶鸫(♀)*M. cinclorhynchus*

翅长超过 100 mm;喉非白色 ·············· 蓝矶鸫 *M. solitaria*

鹊鸲属 *Copsychus*

鹊鸲 *C. saularis*

体羽黑白色;尾与翅近等长,外侧尾羽全白;下胸至尾下覆羽白色。

地鸲属 *Cinclidium*

白尾(蓝)地鸲 *C. leucurum*

嘴形强,嘴须发达;尾基两侧具明显白斑;雄鸟体色深蓝、黑色为主;雌鸟橄榄黄褐色为主。

水鸲属 *Rhyacornis*

红尾水鸲 *R. fuliginosus*

雄鸟尾羽及尾上、下覆羽栗红,其余部位暗灰蓝色;雌鸟上体灰褐色,尾上下覆羽纯白。

溪鸲属 *Chaimarrornis*

白顶溪鸲 *C. leucocephalus*

头顶白色;腹部、腰、尾上覆羽及尾羽栗红色,余部均黑。

红尾鸲属 *Phoenicurus*

1. 外侧尾羽具宽阔黑色端斑 ·············· 蓝额红尾鸲 *P. frontalis*

尾羽无黑色端斑 ··· 2

2. 下喉具白色块斑;外侧尾羽大都黑色 ······ 白喉红尾鸲 *P. schisticeps*

喉无白色块斑;外侧尾羽大都栗红色 ·············· 3

3. 头顶白色;中央尾羽与外侧尾羽相似;翅长超过 100 mm

·············· 红腹红尾鸲 *P. erythrogastrus*

头顶非白色;中央尾羽与外侧尾羽不同;翅长不及 100 mm

·· 4

4. 次级飞羽内外翈均具白斑 ················ 北红尾鸲 *P. auroreus*

次级飞羽内外翈不同具白斑 ················· 5

5. 内侧覆羽及初级覆羽均有白斑 ······ 贺兰山红尾鸲 *P. alaschanicus*

翼上覆羽无白色 ····································· 6

6. 喉和胸黑色 ·· 7

喉和胸棕褐色或灰褐色 ····························· 8

7. 次级飞羽基部外缘具宽阔白斑 ······ 黑喉红尾鸲(♂)*P. hodgsoni*

次级飞羽内外翈具棕色狭缘而无宽阔的白斑

··· 赭红尾鸲(♂)*P. ochruros*

8. 下体大都灰褐色 ······················ 黑喉红尾鸲(♀)*P. hodgsoni*

下体棕黄色或棕褐色 ·················· 赭红尾鸲(♀)*P. ochruros*

石䳭属 *Saxicola*

1. 尾较翅短达10 mm以上,尾不呈显著凸尾状 ····················· 2

尾与翅几等长或稍短(在10 mm以下),尾呈显著凸尾状 ········· 3

2. 喉黑 ··································· 黑喉石䳭(♂)*S. torquata*

喉淡棕色或淡白 ·················· 黑喉石䳭(♀)*S. torquata*

3. 上体为灰和黑色 ······················· 灰林䳭(♂)*S. ferrea*

上体为棕褐或棕灰色 ··················· 灰林䳭(♀)*S. ferrea*

䳭属 *Oenanthe*

1. 中央尾羽和其他尾羽黑色部分几等长;最外侧尾羽黑色部分不短

于其全长之半 ··························· 漠䳭 *O. deserti*

中央尾羽和其他尾羽黑色部分不等长(相距达10 mm以上);外侧

尾羽黑色部分短于其全长之半 ····················· 2

2. 最外侧尾羽黑色端斑较其他尾羽(中央一对除外)为长;喉黑(♂)

或棕白(♀) ··························· 白顶䳭 *O. pleschanka*

所有尾羽(中央一对除外)黑色端斑长度约相等;喉非黑色

·· 3

3. 上体沙褐色,脸部不沾黑色或眼先略沾黑 ······ 沙鵬 *O. isabellina*

上体灰(♂)或灰褐色(♀),脸部有黑色 ··········· 穗鵬 *O. oenanthe*

燕尾属 *Enicurus*

尾较翅短,尾长不及 8 cm;尾叉浅 ··········· 小燕尾 *E. scouleri*

尾较翅长,尾长超过 8 cm;尾叉深 ········· 白冠燕尾 *E. leschenaulti*

歌鸲属 *Luscinia*

(♂)

1. 喉与下体余部同色 ······································· 2

喉与下体余部异色 ······································· 3

2. 下体纯白 ··· 蓝歌鸲 *L. cyane*

下体几纯栗色 ································· 栗腹歌鸲 *L. brunnea*

3. 喉为红色或近红色 ····································· 4

喉主要为蓝色 ········· 蓝喉歌鸲(蓝点颏)*L. svecica*

4. 额和喉均赤红,胸黑色 ········· 黑胸歌鸲 *L. pectoralis*

额和喉均赤红,胸灰色或淡褐色

··························· 红喉歌鸲(红点颏)*L. calliope*

自额至胸为金棕色 ··················· 金胸歌鸲 *L. pectardens*

鸲属 *Tarsiger*

(♂)

1. 下体棕色 ·· 2

下体污白,仅两胁沾棕 ············· 红胁蓝尾鸲 *T. cyanurus*

2. 眉白 ································· 白眉林鸲 *T. indicus*

眉棕 ····································· 金色林鸲 *T. chrysaeus*

（四十八）鹟科 Muscicapidae

鹟科分属检索

1. 嘴须特多,长近达嘴端;尾呈方尾状 ········ 方尾鹟属 *Culicicapa*
   嘴须较少,长度适中 ·· 2
2. 跗蹠短弱,一般不及 15 mm;第 2 枚飞羽较第 5 枚为长或近等长
   （除铜蓝鹟外）;胸常具纵纹,头与尾基均无白色;雌雄相似,体
   羽暗钝 ·· 鹟属 *Muscicapa*
   跗蹠细长或适中,一般超过 15 mm;第 2 枚飞羽较第 5 枚为短;体
   羽无纵纹;雄鸟体色鲜艳或具艳斑;雌雄不同 ················ 3
3. 体型大都较小;跗蹠较长,占翅长的 19%～31%;雄鸟上体或蓝或
   为别的颜色,头与尾基常有白色·············· 姬鹟属 *Ficedula*
   体型较大或适中,跗蹠较短,仅占翅长的 18%～19%;雄鸟上体蓝
   色,头与尾基无白色 ·············· 仙鹟属 *Niltava*

姬鹟属 *Ficedula*

（♂）

1. 外侧尾羽基部白 ··· 2
   尾羽基部无白色 ··· 6
2. 翅长超过 85 mm ·············· 白腹蓝姬鹟 *F. cyanomelana*
   翅长不及 80 mm ··· 3
3. 背部褐或橄榄褐色 ·· 4
   背部蓝灰色 ··· 5
4. 颏、喉及胸等均棕红色 ·············· 红喉姬鹟 *F. parva*
   颏、喉黑;胸具橙斑 ·············· 橙胸姬鹟 *F. strophiata*
5. 颏、喉、胸橙棕色 ·············· 锈胸蓝姬鹟 *F. hodgsonii*

〔150

颏、喉白;胸灰棕 ·································· 灰蓝姬鹟 *F. tricolor*

6. 腰黄,眉白,上体黑色 ·············· 白眉(姬)鹟 *F. zanthopygia*

  腰无黄色,有时具狭窄的白色眉纹,上体青蓝色 ··········· 7

7. 额至中胸栗褐色 ···················· 玉头姬鹟 *F. sapphira*

  下体白色 ·················· 白眉蓝姬鹟 *F. superciliaris*

(♀)

1. 腰、尾上覆羽以及尾羽边缘均为蓝色

  ···························· 白眉蓝姬鹟 *F. superciliaris*

  上体无蓝色 ··· 2

2. 上体橄榄绿色 ·············· 白眉姬鹟 *F. zanthopygia*

  上体灰褐、橄榄褐以至棕褐色 ····························· 3

3. 外侧尾羽基部白 ·· 4

  尾羽基部无白色 ··· 5

4. 背部浅灰褐;喉白;胸淡褐沾棕

  ···························· 红喉姬鹟 *F. parva*

  背部橄榄褐;喉暗灰;胸具淡橙色块斑

  ···························· 橙胸姬鹟 *F. strophiata*

5. 翅长超过85 mm ·········· 白腹蓝姬鹟 *F. cyanomelana*

  翅长不及80 mm ·· 6

6. 第2枚飞羽短于第10枚或与其相等 ·········· 灰蓝姬鹟 *F. tricolor*

  第2枚飞羽长度介于第6枚与第7枚之间或有时几与第6或第7

  枚相等 ·· 7

7. 下体淡橄榄色,向后更淡白;翅长约70 mm,尾长超过50 mm

  ···························· 锈胸蓝(姬)鹟 *F. hodgsonii*

  下体自颏至胸橙棕色,余部纯白;翅长60~61 mm,尾长约45 mm

  ···························· 玉头姬鹟 *F. sapphira*

仙鹟属 _Niltava_

（♂）

1. 额羽正常,不掩盖鼻孔;颈侧无蓝斑 ·················· 2

　额羽掩盖鼻孔;颈侧各具一辉蓝色块斑 ·············· 3

2. 颏和上喉蓝色;下喉至上腹棕白色;下腹白

　·················· 蓝喉仙鹟 _N. rubeculoides_

　颏黑色;喉、胸、上腹及胁均棕;下腹白

　·················· 山蓝仙鹟 _N. banyumas_

3. 胸与腹棕色;翅长超过 95 mm;腋羽黑色沾蓝

　·················· 大仙鹟 _N. grandis_

　胸与腹非棕色;翅长不超过 90 mm ·········· 棕腹仙鹟 _N. sundara_

（♀）

1. 额羽正常,不掩盖鼻孔;颈侧无蓝斑 ·················· 2

　额羽掩盖鼻孔;颈侧各具一辉蓝色块斑 ·············· 3

2. 背暗褐;喉白,胸棕红色;下体余部棕白

　·················· 蓝喉仙鹟 _N. rubeculoides_

　背橄榄褐色;喉与胸同色 ·········· 山蓝仙鹟 _N. banyumas_

3. 翅长超过 88 mm;喉黑 ·············· 大仙鹟 _N. grandis_

　翅长不及 88 mm;喉白 ·············· 棕腹仙翁 _N. sundara_

鹟属 _Muscicapa_

1. 第2枚初级飞羽较第5枚为长或与等长(第1枚形特小) ········ 2

　第2枚初级飞羽较第5枚为短 ·················· 5

2. 嘴的长度为其在额基处宽度的二倍 ·········· 斑鹟 _M. striata_

　嘴的长度与其在额基处的宽度几相等 ·················· 3

3. 尾纯暗褐,与背同色 ·················· 4

尾大都红褐,与背异色 …………………… 棕尾褐鹟 *M. ferruginea*

4. 体形较小,上体灰褐;翅长 72～83 mm;初级飞羽内缘棕褐;胸羽

   纵纹粗阔 …………………………………… 乌鹟 *M. sibirica*

   体形较大,上体朱古力褐色,翅长 76～90 mm;初级飞羽内缘灰白;

   下体乌斑列成纵纹状;胸纹较纤细 ………… 灰纹鹟 *M. griseisticta*

5. 上体灰褐;胸亦杂以灰褐色 …………………… 北灰鹟 *M. dauurica*

   上体棕褐;胸栗褐 ………………………………… 褐胸鹟 *M. muttui*

方尾鹟属 *Culicicapa*

方尾鹟 *C. ceylonensis*

上体黄绿色,头部灰色明显,下体前灰后黄。

(四十九)王鹟科 Monarchinae

寿带属 *Terpsiphone*

寿带 *T. paradisi*

头具羽冠;尾较翅长,尤其雄性尾为体长的 2 倍以上;尾羽棕黄
或白色。

(五十)画眉科 Timaliidae

画眉科分属检索

1. 两性相似,翅短圆,尾羽具圆形或尖形羽端 ………………………… 2

   两性一般不同,翅较尖长,尾羽端大都近乎方形或叉状 ……… 10

2. 脚较长,翅较短,地栖性(包括栖息在灌丛间的种类) ………… 3

   脚较弱,翅较长,树栖性 ………………………… 凤鹛属 *Yuhina*

3. 尾长于 90 mm(棕颈钩嘴鹛除外) ………………………………… 4

   尾短于 90 mm ………………………………………………………… 6

4. 嘴较头为长或等长，嘴长不及50 mm ······ 钩嘴鹛属 *Pomatorhinus*

   嘴较头短 ·············· 5

5. 上体具显著纵纹 ·············· 草鹛属 *Babax*

   上体不具纵纹 ·············· 噪鹛属 *Garrular*

6. 尾长不及50 mm ·············· 7

   尾长在50～90 mm之间 ·············· 8

7. 尾羽10枚 ·············· 鹩鹛属 *Spelaeornis*

   尾羽仅6枚 ·············· 鳞鹛属 *Pnoepyga*

8. 额羽的羽干较强硬 ·············· 9

   额羽的羽干不硬 ·············· 雀鹛属 *Alcippe*

9. 尾较翅为短 ·············· 穗鹛属 *Stachyris*

   尾较翅长 ·············· 宝兴鹛雀属 *Moupinia*

10. 嘴的先端具钩 ·············· 鸥鹛属 *Pteruthius*

   嘴的先端无钩 ·············· 相思鸟属 *Leiothrix*

凤鹛属 *Yuhina*

喉具黑纹，颈后无白色斑块 ·············· 纹喉凤鹛 *Y. gularis*

喉无黑纹，颈后白色大斑块与白色眼圈相接

   ·············· 白领凤鹛 *Y. diademata*

钩嘴鹛属 *Pomatorhinus*

有白色眉纹 ·············· 棕颈钩嘴鹛 *P. ruficollis*

无白色眉纹 ·············· 斑胸钩嘴鹛 *P.erythrocnemis*

草鹛属 *Babax*

矛纹草鹛 *B. lanceolatus*

上下体具明显的栗褐色纵纹；具特征性的栗褐色至黑色髭纹；翅长不及120 mm。

噪鹛属 *Garrular*

尾羽与内侧飞羽无黑色次端斑,嘴较长超过 20 mm

·························· 黑额山噪鹛 *G. sukatschew*

鹪鹛属 *Spelaeornis*

斑翅鹪鹛 *S. troglodytoides*

体形小,尾长;翅和尾均具黑褐细横斑;喉白色无斑。

鹩鹛属 *Pnoepyga*

鳞胸鹩鹛 *P. pusilla*

体小,尾极短而不外露;下体具鳞状斑;翅长不超过 55 mm;跗蹠不及 21 mm。

雀鹛属 *Alcippe*

1. 初级飞羽外缘与上体同色 ···························· 2
   初级飞羽外缘与上体异色 ···························· 3

2. 眼周具狭形白色或灰色环;最外侧尾羽与中央尾羽的距离不及
   12 mm ···················· 灰眶雀鹛 *A. morrisonia*
   眼周无狭形白色或灰色环;最外侧尾羽与中央尾羽的距离超过
   12 mm ···················· 褐顶雀鹛 *A. brunnea*

3. 鼻孔不为须掩盖,额与头顶栗褐色有纵纹

   ···················· 栗头雀鹛 *A. castaneceps*
   鼻孔为多数细须掩盖着,额与头顶非栗褐色 ···················· 4

4. 胸与腹均金黄色,后趾较后爪长 ············ 金胸雀鹛 *A. chrysotis*
   下体无金黄色,后趾与后爪等长 ···················· 5

5. 头顶灰褐色 ············ 褐头雀鹛 *A. cinereiceps*
   头顶非灰褐色 ···················· 6

6. 头顶棕栗色,有明显黑色侧冠纹

   ···················· 棕头雀鹛 *A. ruficapilla*

头顶橄榄褐色,头顶及上背略具深色纵纹
·· 中华雀鹛 *A. striaticollis*

穗鹛属 Stachyris

红头穗鹛 *S. rificeps*

体形小,翅长不及65 mm;头顶棕色,喉具黑色细纹;上体淡橄榄褐,下体浅灰黄色。

宝兴鹛雀属 Moupinia

宝兴鹛雀 *M. poecilotis*

上体棕褐,下体近白,腹侧茶黄;翅短圆,栗褐色尾略长而凸。

鹛鹛属 Pteruthius

翅长不及70 mm,翅无红斑 ············· 淡绿鹛鹛 *P. xanthochlorus*
翅长超过70 mm,翅有红斑 ············· 红翅鹛鹛 *P. flaviscapis*

相思鸟属 Leiothrix

红嘴相思鸟 *L. lutes*

头顶绿褐色,上体暗灰绿色,尾上覆羽与背同色,两翅具朱红色翼斑,胸部橙黄;凹尾。

(五十一)鸦雀科 Paradoxornithidae

鸦雀科分属检索

第1枚初级飞羽不及第2枚之半 ············· 文须雀属 *Panurus*
第1枚初级飞羽超过第2枚之半 ············· 鸦雀属 *Paradoxornis*

文须雀属 Panurus

文须雀 *P. biarmicus*

嘴锥形粗短;雄鸟具延伸到颈侧的黑色嘴须;尾较翅长,凸尾,最外侧尾羽长度约为中央尾羽的一半。

鸦雀属 *Paradoxornis*

1. 尾较翅长；嘴峰基部的厚度超过其长度；上嘴边缘呈深波状

　　　　　　　　　　　　　　　　　　 斑胸鸦雀 *P. flavirostris*

　尾较翅短或等长；嘴峰基部的厚度几与其长度相等，上嘴边缘呈

　浅波状或几呈直线状 ·································· 2

2. 仅具 3 趾 ·························· 三趾鸦雀 *P. paradoxus*

　趾 4 个 ·· 3

3. 头顶灰色,胸红 ·············· 灰冠鸦雀 *P. przewalskii*

　头非灰色,胸非红色 ··· 4

4. 眼周具白眶 ················· 白眶鸦雀 *P. conspicillatus*

　眼周具无眶 ·················· 棕头鸦雀 *P. webbianus*

（五十二）扇尾莺科 Cisticolidae

扇尾莺科分属检索

1. 尾较翅长甚 ·· 2

　尾较翅短 ······························· 扇尾莺属 *Cisticola*

2. 腹部具栗色纵纹；具黑色髭纹 ········· 山鹛属 *Rhopophilus*

　腹部纯色无栗色纵纹；无黑色髭纹 ········· 鹪莺属 *Prinia*

扇尾莺属 *Cisticola*

棕扇尾莺 *C. juncidis*

　嘴须发达,第 1 枚初级飞羽略短于第 2 枚之半；尾羽端斑宽阔,呈近白色。

山鹛属 Rhopophilus

山鹛 R. pekinensis

上体沙褐色具褐色纵纹,下体白色,腹部具栗色纵纹。

鹪莺属 Prinia

尾与翅几乎等长 ····················· 灰胸山鹪莺 P. hodgsonii

尾几长为翅长的2倍 ··············· 褐山鹪莺 P. polychroa

(五十三)莺科 Sylviidae

莺科分属检索

1. 尾特短,在20 mm以下;脚粗长 ·········· 地莺属 Tesia

尾正常,在30 mm以上;脚细长 ···················· 2

2. 头上羽色鲜丽,体羽上有紫色块斑 ·········· 雀莺属 Leptopoecile

头上无鲜丽羽色;体羽上亦无紫色块斑 ·················· 3

3. 尾羽12枚 ··································· 4

尾羽10枚 ··································· 树莺属 Cettia

4. 额羽短钝,羽干不延长;额缘除嘴须外,不另具须 ·········· 5

额羽松散,羽干延长;嘴须前尚有副须;嘴较短,不超过16 mm;第

一枚初级飞羽较长 ··························· 7

5. 第1枚初级飞羽不及第2枚的1/3 ··············· 6

第1枚初级飞羽超过第2枚的1/3 ········· 短翅莺属 Bradypterus

6. 嘴须发达,尾呈凸形不著,外侧尾羽超过尾长的3/4

················· 苇莺属 Acrocephalus

嘴须甚小,尾呈凸形甚著,外侧尾羽不及尾长的3/4

················· 蝗莺属 Locustella

7. 副须短而不著 ····················· 林莺属 Sylvia

副须多,或弱或稍强,伸向嘴峰的中央处 ⋯⋯ 柳莺属 *Phylloscopus*

副须多而特长,伸向嘴端 ⋯⋯⋯⋯⋯⋯⋯ 鹟莺属 *Seicercus*

地莺属 *Tesia*

栗头地莺 *T. castaneocoronata*

下体亮黄色,头顶辉栗红色;眼后具一小的三角形白斑。

雀莺属 *Leptopoecile*

头上无羽冠 ⋯⋯⋯⋯⋯⋯⋯⋯⋯⋯ 花彩雀莺 *L. sophiae*

头上有显著羽冠(凤头) ⋯⋯⋯⋯⋯⋯ 凤头雀莺 *L. elegans*

树莺属 *Cettia*

1. 腹部淡黄 ⋯⋯⋯⋯⋯⋯⋯⋯ 黄腹树莺 *C. acanthizoides*

   腹部淡棕或近白 ⋯⋯⋯⋯⋯⋯⋯⋯⋯⋯⋯⋯⋯⋯ 2

2. 头顶与背不同色 ⋯⋯⋯⋯⋯⋯ 棕顶树莺 *C. brunnifrons*

   头顶与背同色 ⋯⋯⋯⋯⋯⋯⋯⋯⋯⋯⋯⋯⋯⋯⋯⋯ 3

3. 翅长不超过57 mm;跗蹠长不超过23 mm

   ⋯⋯⋯⋯⋯⋯⋯⋯⋯⋯⋯⋯ 强脚树莺 *C. fortipes*

   翅长超过57 mm;跗蹠长23 mm或以上 ⋯⋯⋯⋯ 4

4. 上体棕褐色;下体两胁及尾下覆羽多暗皮黄色

   ⋯⋯⋯⋯⋯⋯⋯⋯⋯⋯⋯⋯ 远东树莺 *C. canturians*

   上体少棕色;下体两胁及尾下覆羽橄榄褐色

   ⋯⋯⋯⋯⋯⋯⋯⋯⋯⋯⋯⋯ 短翅树莺 *C. diphone*

短翅莺属 *Bradypterus*

1. 尾较翅短;胸具显著黑斑 ⋯⋯⋯ 斑胸短翅莺 *B. thoracicus*

   尾较翅长,胸无黑斑 ⋯⋯⋯⋯⋯⋯⋯⋯⋯⋯⋯⋯⋯ 2

2. 第1枚初级飞羽较第2枚的一半短甚;上体橄榄褐色,无棕色

   ⋯⋯⋯⋯⋯⋯⋯⋯⋯⋯ 中华短翅莺 *B. tacsanowskius*

第1枚初级飞羽较第2枚的一半几乎等长或稍短些;上体棕褐色,
或暗褐沾棕 ·················· 棕褐短翅莺 *B. luteoventris*

苇莺属 *Acrocephalus*

1. 体型较大,翅长超过75 mm ················ 2
   体型较小,翅长不及65 mm ················ 4
2. 下喉及前胸具细的褐色纵纹 ·············· 东方大苇莺 *A. orientalis*
   下体不具纵纹 ················ 3
3. 上体呈灰橄榄棕色;眉纹白色或皮黄色

   ················ 大苇莺 *A. arundinaceus*

   上体呈橄榄棕褐色;几乎无浅色眉纹 ········· 厚嘴苇莺 *A. aedon*
4. 眉纹上有显著黑纹 ············ 细纹苇莺 *A. sorghophilus*
   眉纹上无显著黑纹 ················ 5
5. 眉纹显著白色,过眼后,其上具模糊的黑色短纹

   ················ 稻田苇莺 *A. agricola*

   眉纹淡皮黄色,短而几乎不及眼后,其上无深色纹

   ················ 钝翅苇莺 *A. concinens*

蝗莺属 *Locustella*

小蝗莺 *L. certhiola*

头顶和背具黑褐色纵纹;尾羽腹面具显著的近端黑斑和淡白色
先端。

林莺属 *Sylvia*

1. 第1枚初级飞羽甚短,不及初级覆羽的末端

   ················ 横斑林莺 *S. nisoria*

   第1枚初级飞羽较长,超过初级覆羽的末端 ·············· 2
2. 头顶淡黄褐,与背同色 ············ 荒漠林莺 *S. nana*

头顶近灰色,与背不同色 ·················· 3

3. 上体沙褐,额较蓝灰;飞羽式:2=7/8 或=7=8

　　·························· 沙白喉林莺 *S. minula*

　　上体土灰褐色,头顶较灰;飞羽式:2=5/6 或 6/7

　　·························· 白喉林莺 *S. curruca*

柳莺属 *Phylloscopus*

1. 翅上无翅斑 ···································· 2
　　翅上有翅斑(极北柳莺有时不显) ············ 7

2. 下体纯草黄或棕黄色 ······················ 3
　　下体不呈纯黄色 ···························· 4

3. 下嘴黄色(如有黑色,也仅限于顶尖端);上体橄榄绿;下体草黄

　　················· 黄腹柳莺 *P. affinis*

　　下嘴黑褐色,仅于基部呈黄色;上体橄榄褐;下体棕黄

　　················· 棕腹柳莺 *P. subaffinis*

　　下嘴暗黄色,上体灰褐色,下体淡棕黄色

　　················· 灰柳莺 *P. griseolus*

4. 嘴型较厚,其厚(在鼻孔处)度达 3 mm 以上;下嘴黄褐

　　················· 巨嘴柳莺 *P. schwarzi*

　　嘴型较细,厚度不及 3 mm ··············· 5

5. 翅下覆羽及腋羽均硫磺色;下嘴基部黄褐,先端乌褐

　　················· 叽喳柳莺 *P. collybita*

　　翅下覆羽及腋羽均棕黄或棕白色 ············ 6

6. 腹面杂有黄色纵纹,下嘴黄褐 ········· 棕眉柳莺 *P. armandii*
　　腹面无黄色纵纹;下嘴基部黄褐,先端暗褐

　　················· 褐柳莺 *P. fuscatus*

7. 第6枚初级飞羽外翈不具缺刻 ········· 极北柳莺 *P. borealis*

头部淡黄色中央冠纹明显;腰鲜黄色

·········· 黄腰柳莺 *P. proregulus*

18. 嘴峰超过 10 mm;耳上覆羽缺乏明显的浅色斑

············· 四川柳莺 *P. forresti*

嘴峰不及 10 mm;耳上覆羽一般有浅色斑

·········· 甘肃(黄腰)柳莺 *P. kansuensis*

鹟莺属 *Seicercus*

1. 尾羽12枚 ·········· 2

尾羽10枚 ·········· 棕脸鹟莺 *S. albogularis*

2. 腹面全部深黄色 ·········· 金眶鹟莺 *S. burkii*

腹面非金黄色 ·········· 3

3. 颏灰色,下体余部辉黄;头顶近黑 ········ 灰脸鹟莺 *S. poliogenys*

颏至胸灰色,下体余部辉黄,头顶栗色

·········· 栗头鹟莺 *S. castanceps*

(五十四)戴菊科 Regulidae

戴菊属 *Regulus*

戴菊 *R. regulus*

体形小;鼻孔被以单枚坚硬纤羽;头顶具金黄色顶冠纹,两侧缘以黑色侧冠纹。

(五十五)攀雀科 Remizidae

攀雀科分属检索

鼻孔为须掩盖;上体无绿色;头顶白 ·········· 攀雀属 *Remiz*

鼻孔裸露;背呈橄榄绿色;头顶前部火红色

·········· 火冠雀属 *Cephalopyrus*

攀雀属 *Remiz*

白冠攀雀 *R. coronatus*

额基、颊和耳羽黑色;头顶白,具偏白色领环。

火冠雀属 *Cephalopyrus*

火冠雀 *C. flammiceps*

上体橄榄绿;雄鸟额呈火红色;鼻孔裸露;翼斑黄色。

(五十六)绣眼鸟科 Zosteropidae

绣眼鸟属 *Zesterops*

1. 胁为红色 ┄┄┄┄┄┄┄┄┄┄┄ 红胁绣眼鸟 *Z. erythropleurus*

  胁非红色 ┄┄┄┄┄┄┄┄┄┄┄┄┄┄┄┄┄┄┄ 2

2. 腹灰色,有一道狭窄的柠檬黄色纵纹贯通腹部中央

  ┄┄┄┄┄┄┄┄┄┄┄┄┄┄ 灰腹绣眼鸟 *Z. palpebrosus*

  腹灰白,中央无纵纹 ┄┄┄┄┄┄┄ 暗绿绣眼鸟 *Z. japonicus*

(五十七)山雀科 Paridae

山雀科分属检索

嘴较长(嘴峰超过18 mm)而稍曲 ┄┄┄ 地山雀属 *Pseudopodoces*

嘴直短略呈锥状,嘴峰远不及15 mm ┄┄┄┄┄ 山雀属 *Parus*

山雀属 *Parus*

1. 尾呈圆尾状 ┄┄┄┄┄┄┄┄┄┄┄┄┄┄┄┄┄┄┄┄ 2

  尾呈方尾或微凹状 ┄┄┄┄┄┄┄┄┄┄┄┄┄┄┄┄┄ 5

2. 上体为蓝和白色 ┄┄┄┄┄┄┄┄┄┄┄┄ 灰蓝山雀 *P. cyanus*

  上体不为蓝和白色 ┄┄┄┄┄┄┄┄┄┄┄┄┄┄┄┄┄ 3

3. 翅上覆羽有两道白斑,背呈黄绿色 ┄┄┄┄ 绿背山雀 *P. monticolus*

翅上覆羽无或仅有一道白斑,背主要为灰或褐色 ············ 4

4.头顶呈辉蓝黑色;背和腰灰色(上背或沾绿色) ····· 大山雀 *P. major*

　　头顶和后颈呈辉黑或褐黑色;背呈浅棕褐以至橄榄褐色

　　　　··· 沼泽山雀 *P. palustris*

　　头顶和后颈浓褐沾粉红色;背粉红褐色

　　　　··· 褐头山雀 *P. songarus*

5.头具羽冠 ··· 6

　　头无羽冠 ··· 8

6.翅上覆羽具有双行白斑 ······················· 煤山雀 *P. ater*

　　翅上覆羽无白斑 ··· 7

7.头顶和后颈黑褐色;颏和喉均黑 ········ 黑冠山雀 *P. rubidiventris*

　　上体大都褐灰色;颏和喉均黄灰色 ······ 褐冠山雀 *P. dichrous*

8.腹纯黄色 ······························· 黄腹山雀 *P. venustulus*

　　腹棕栗色 ··· 9

9.体型较大;眉纹白,颊与腹均沙棕色 ····· 白眉山雀 *P. superciliosus*

　　体型较小;无眉纹,颊白;腹红 ········· 红腹山雀 *P. davidi*

地山雀属 *Pseudopodoces*

地山雀 *P. humilis*

　　地栖鸟类;体羽蓬松,呈沙土褐色;中央尾羽褐色,外侧尾羽黄白;嘴、脚黑色。

(五十八)长尾山雀科 Aegithalidae

长尾山雀属 *Aegithalos*

1.头呈红色 ····················· 红头长尾山雀 *A. concinnus*

　　头非红色 ··· 2

2.脸呈银灰色;胸具一栗褐色横带 ········ 银脸长尾山雀 *A. fuliginosus*

脸不呈银灰色,胸无栗褐色横带而喉具暗银灰色块斑

················· 银喉长尾山雀 *A. caudatus*

(五十九)鸦科 Sittidae

鸦属 *SitEta*

1. 头顶与上体同色,下体白色,灰色至肉桂色

················· 普通鸦 *S. europaea*

头顶与上体非同色 ················· 2

2. 眼先近白,下体两侧栗色 ················· 白脸鸦 *S. leucopsis*

眼先污黑,下体两侧非栗色 ················· 黑头鸦 *S. villosa*

(六十)旋壁雀科 Tichidromidae

旋壁雀属 *Tichodroma*

红翅旋壁雀 *T. muraria*

体灰色,翅、尾黑褐;尾短而嘴长,翼具醒目的绯红色斑纹。

(六十一)旋木雀科 Certhiidae

旋木雀属 *Certhia*

尾具横斑 ················· 高山旋木雀 *C. himalayana*

尾无横斑或横斑不显著 ················· 欧亚旋木雀 *C. familiaris*

(六十二)啄花鸟科 Dicaeidae

啄花鸟属 *Dicaeum*

1. 初级飞羽10枚,第1枚短小,胸无红斑

················· 黄腹啄花鸟 *D. melanoxanthum*

初级飞羽9枚,第1枚长达翅端 ·················· 2

2. 胸具红斑·················· 红胸啄花鸟(♂)*D. ignipectus*

   胸无红斑·················· 红胸啄花鸟(♀)*D. ignipectus*

(六十三)花蜜鸟科 Nectariniidae

太阳鸟属 *Aethopyga*

蓝喉太阳鸟 *A. gouldiae*

雄鸟头及喉辉紫蓝色,背、胸猩红色,腰、腹黄色;雄鸟中央尾羽蓝色延长;雌鸟腰浅黄色。

(六十四)雀科 Passeridae

雀科分属检索

1. 飞羽外缘具两道淡色横斑 ·················· 2

   飞羽外缘无两道淡色横斑 ·················· 雪雀属 *Montifringilla*

2. 胸具黄斑;尾端具白斑 ·················· 石雀属 *Petronia*

   胸无白斑;尾端无白斑 ·················· 麻雀属 *Passer*

麻雀属 *Passer*

1. 无眉纹 ·················· 2

   有眉纹 ·················· 4

2. 耳羽处有黑色斑块,雌雄相似 ·················· 树麻雀 *P. montanus*

   耳羽处无黑色斑块,雌雄不同 ·················· 3

3. 头顶中央冠纹黑色 ·················· 黑顶麻雀(♂)*P. ammodendri*

   头顶中央冠纹灰色 ·················· 家麻雀(♂)*P. domesticus*

   头顶红褐色、无中央冠纹 ·················· 山麻雀(♂)*P. rutilans*

4. 眉纹为宽的淡红褐色;上体沙棕色

   ·················· 黑顶麻雀(♀)*P. ammodendri*

眉纹为较细的土黄或近白色;上体灰褐色 ···························· 5

5.腰灰褐;胸及体侧无黄色 ·············· 家麻雀(♀)*P. domesticus*

腰棕褐;腰及体侧沾黄 ················ 山麻雀(♀)*P. rutilans*

石雀属 *Petronia*

石雀 *P. petronia*

嘴较麻雀属鸟类更粗壮;雌雄同色;翅具一道浅色横斑;喉部有一弧形黄斑。

雪雀属 *Montifringilla*

1.眼先乌黑或褐色,范围较小,无穿眼黑纹 ······ 褐翅雪雀 *M. adamsi*

眼先黑色,范围较大,或具穿眼黑纹 ····························· 2

2.喉黑 ······························· 黑喉雪雀 *M. davidiana*

喉白 ··· 3

3.颈侧棕色 ···························· 棕颈雪雀 *M. ruficollis*

颈侧非棕色 ······················ 白腰雪雀 *M. taczanowskii*

(六十五)梅花雀科 Estrildidae

文鸟属 *Lonchura*

白腰文鸟 *L. striata*

上体、头、喉部及尾基深褐,有白色细纵纹;具尖形的黑色尾,腰白,腹部皮黄白。

(六十六)燕雀科 Fringillidae

燕雀科分属检索

1.嘴甚强厚;上嘴后伸至骨质眼眶前缘之后,下嘴的底缘几为直线

·· 8

嘴不甚强厚;上嘴不伸至骨质眼眶前缘之后 ……………………………… 2

2. 上下嘴先端交叉 ………………………………………… 交嘴雀属 *Loxia*

上下嘴先端不交叉 ……………………………………………………… 3

3. 腰白色 ………………………………………………………………… 4

腰非白色(极北朱顶雀除外) ………………………………………… 5

4. 背灰色 ………………………………………………… 灰雀属 *Pyrrhula*

被黑(♂)或褐(♀) ………………………………… 燕雀属 *Fringilla*

5. 嘴尖直,通常不呈膨胀状,体色主要为黄绿色,或呈纵纹状,并常
具黄或红色斑块 ………………………………… 金翅属 *Carduelis*

嘴甚膨胀,在鼻孔处的宽度几与其长度相等,尾较翅长

………………………………………… 长尾雀属 *Uragus*

嘴稍呈膨胀状,嘴峰稍曲 ……………………………………………… 6

6. 体羽主要为沙褐或黄褐色;外侧尾羽常具白缘或几乎全白

………………………………………………………………… 7

体羽主要为红色(♂)或褐色(♀);外侧尾羽无白色

……………………………………………… 朱雀属 *Carpodacus*

7. 体羽主要为灰褐色;嘴较直,嘴峰与嘴底角度相等

……………………………………………… 领雀属 *Leucosticte*

体羽主要为沙褐色,嘴较膨胀,嘴底向上的角度常比嘴峰向下的
角度为锐 ………………………………… 沙雀属 *Rhodopechys*

8. 上嘴的嘴缘在近嘴角处不具缺刻或波状曲 ……………………… 9

上嘴的嘴缘在近嘴角处有缺刻或波状曲

……………………………………………… 拟蜡嘴雀属 *Mycerobas*

9. 内侧初级飞羽和外侧次级飞羽的羽端呈方形或波状

……………………………………… 锡嘴雀属 *Coccothhraustes*

内侧初级飞羽和外侧次级飞羽的羽端不呈方形或波状

……………………………………………… 蜡嘴雀属 *Eophona*

燕雀属 *Fringilla*

燕雀 *F. montifringilla*

尾凹形;腰白色宽阔,尾无白色;雌雄异色;雄鸟具鲜明的黑色与橙色。

领雀属 *Leucosticte*

腰和翅上覆羽无玫瑰红色,头顶具明显黑褐色纵纹

·················· 林岭雀 *L. nemoricola*

腰和翅上覆羽均沾玫瑰红色,头顶几纯色,无纵纹

·················· 高山岭雀 *L. brandti*

朱雀属 *Carpodacus*

(♂)

1. 嘴较细长,嘴峰直 ··································· 2
   嘴较短厚,嘴峰曲 ··································· 3
2. 前额和眉纹均玫瑰赤红色,与头顶异色

   ·················· 暗胸朱雀 *C. nipalensis*

   前额和眉纹均与头顶同为淡赤红色

   ·················· 赤朱雀 *C. rubescens*

3. 嘴长度超过其基部宽度的两倍胸与腹异色;胸赤红,腹褐而杂以黑纹 ·············· 红胸朱雀 *C. puniceus*

   嘴长度不及基部宽度的两倍;胸与腹几同色,仅稍浅淡 ········ 4

4. 无眉纹 ··································· 5
   有眉纹 ··································· 10

5. 额与喉具朱白色鳞状羽 ··································· 6
   额与喉无朱白色鳞状羽 ··································· 7

6. 翅上具有两道横斑,体羽主要为粉红色 ·········· 北朱雀 *C. roseus*

翅上具有三道白斑(包括肩羽白端所组成的一道横斑);体羽主要
为暗赤红色 ·········· 斑翅朱雀 *C. trifasciatus*

7. 翅长不及 90 mm ························· 8

翅长超过 100 mm ························· 9

8. 上体主要为沙褐色,额赤红,眼间头顶珠白而沾粉红色;胸及喉、
腰等均粉红色 ·········· 沙色朱雀 *C. synoicus*

上体主要为暗褐色,额、头顶、腰、喉及胸等均赤红色

·········· 普通朱雀 *C. erythrinus*

9. 头侧和耳羽赤红色;背具黑褐色纵纹 ····· 拟大朱雀 *C. rubicilloides*

头侧和耳羽粉红色;背几纯色,无纵纹 ········ 大朱雀 *C. rubicilla*

10. 头顶具宽阔近黑色纵纹,与背相同 ··········· 11

头顶纯色,或仅具暗色细纹,与背不同 ·········· 12

11. 前额有宽阔的朱白色横带延伸至眉 ········· 白眉朱雀 *C. thura*

前额无朱白色横带;眉纹玫红,而占有珠光泽

·········· 红眉朱雀 *C. pulcherrimus*

12. 腰几呈纯玫瑰红色,与背显然不同,内侧二对次级飞羽的羽端各
具粉红色斑点 ·········· 酒红朱雀 *C. vinaceus*

腰仅沾玫瑰红色,与背相异不显著 ········· 棕朱雀 *C. edwardsii*

(♀)

1. 嘴较细长,嘴峰直 ························· 2

嘴较短厚,嘴峰曲 ························· 3

2. 上体纯褐 ·········· 暗色朱雀 *C. nipalensis*

上体褐,腰与尾上覆羽沾红 ·········· 赤朱雀 *C. rubescens*

3. 嘴长超过其基部宽度的两倍 ········· 红胸朱雀 *C. puniceus*

嘴长不及其基部宽度的两倍 ·········· 4

4. 腰与背异色 ························· 5

腰与背同色 ·· 7

5. 腰玫红色 ·································· 北朱雀 *C. roseus*

   腰黄色 ·· 6

6. 胸黄 ································ 斑翅朱雀 *C. trifasciatus*

   胸非黄 ································· 白眉朱雀 *C. thura*

7. 胁几纯色,或仅微具羽干细纹,绝无宽阔的黑褐色纵纹 ········ 8

   两胁具明显的黑褐色纵纹 ······························ 11

8. 上背沙褐,与下体同色 ············ 沙色朱雀 *C. synoicus*

   上体橄榄色或暗褐 ···································· 6

9. 下体底色近白;无眉纹 ············ 普通朱雀 *C. erythrinus*

   下体底色赫黄;眉纹赭黄而不显 ···················· 10

10. 翅长在 75 mm 以上,上体黑纹较浓著;眉纹较著

    ···································· 棕朱雀 *C. edwardsii*

    翅长在 75 mm 以下;上体黑纹较浅;眉纹不著

    ···································· 酒红朱雀 *C. vinaceus*

11. 翅长在 105 mm 以上,上下体黑纹较粗著;最外侧尾羽具狭窄的

    白色外缘 ··· 12

    翅长不及 90 mm,但一般超过 75 mm,下体灰白,黑纹前后均粗

    著 ······························· 红眉朱雀 *C. pulcherrimus*

12. 上下体黑纹粗著;最外侧尾羽具狭窄的白色外缘

    ···························· 拟大朱雀 *C. rubicilloides*

    上下体黑纹较狭而不显;最外侧尾羽的白缘较宽,几占外翈全部

    ······························· 大朱雀 *C. rubicilla*

交嘴雀属 *Loxia*

红交嘴雀 *L. curvirostra*

体型较大;上下嘴先端交叉;翅无白色横斑;雄鸟通体砖红色,

尾与翅近黑色;雌鸟暗橄榄绿或灰色。

金翅属 *Carduelis*

1. 额、脸及颏均为红色;有宽阔的黄色翼斑
   ·····················红额金翅雀 *C. carduelis*
   脸与颏不为红色,头顶或为红色,翅上黄斑或有或无 ······ 2

2. 嘴大都短尖;体羽多条纹 ······························· 3
   嘴大都长而直;体羽大都绿色或黄色 ·················· 5

3. 额与胸均无红色 ················黄嘴朱顶雀 *C. flavirostris*
   额赤红;胸亦有红色 ································· 4

4. 腰白沾红,并杂以黑纹 ··············白腰朱顶雀 *C. flammea*
   腰纯白 ·····················极北朱顶雀 *C. hornemanni*

5. 体形较大;翅长达75 mm以上 ·············金翅雀 *C. sinica*
   体形较小;翅长不及75 mm ···························· 6

6. 尾基黄色(♀),头顶纯黑(♂) ················黄雀 *C. spinus*
   尾基非黄色(♀),头顶纯黄绿(♂) ·········藏黄雀 *C. thibetana*

灰雀属 *Pyrrhula*

灰头灰雀 *P. erythaca*

嘴短而膨大;腰白,翼和尾黑色;嘴基羽毛黑色;头顶灰色;雄鸟胸及腹部深橘黄色。雌鸟下体及上背暖褐色。

锡嘴雀属 *Coccothrraustes*

锡嘴雀 *C. coccothraustes*

嘴粗大、铅灰色;嘴基黑,喉部黑块明显;黑色翅上的白斑明显;尾黄褐色,末端白色。

蜡嘴雀属 *Eophona*

翅短于110 mm;初级飞羽的先端白色;翼下覆羽和腋羽暗色

················ 黑尾蜡嘴雀 *E. migratoria*

翅长于 110 mm;初级飞羽的先端无白色,但在中端有一道白斑;

翼下覆羽和腋羽白色·············· 黑头蜡嘴雀 *E. personata*

拟蜡嘴雀属 *Mycerobas*

1. 尾长不及 80 mm,并呈叉尾状····· 白点翅拟蜡嘴雀 *M. melanozanthos*

 尾长超过 80 mm,并呈方尾状 ·····································2

2. 翅黑,无白斑 ·················· 黄颈拟蜡嘴雀 *M. affinis*

 翅具一大白斑 ·················· 白斑翅拟蜡嘴雀 *M. carnipes*

沙雀属 *Rhodopechys*

嘴长度不超过 10 mm ·············· 蒙古沙雀 *R. mongolicus*

嘴黑,长度达 11 mm 左右 ·············· 巨嘴沙雀 *R. obsoleta*

长尾雀属 *Uragus*

长尾雀 *U. sibiricus*

尾与翼等长或比翼长;翼羽具宽阔的白色边缘与先端,形成鲜

明的翼斑;外侧尾羽白色。

(六十七)鹀科 Emberizidae

鹀科分属检索

1. 后爪较后趾短 ·····································2

 后爪较后趾长或与之等长 ·············· 铁爪鹀属 *Calcarius*

2. 尾较翅长,第 1 枚飞羽特别发达 ·········· 朱鹀属 *Urocynchramus*

 翅与尾几等长,第 1 枚飞羽其形退化 ·········· 鹀属 *Emberiza*

朱鹀属 *Urocynchramus*

朱鹀 *U. pylzowi*

头顶及上体几纯沙褐色;眉纹、眼先、颊及颔、喉、胸呈淡玫瑰

红;腹部浅淡至污白;第一枚飞羽很发达。

鹀属 Emberiza

1. 最外侧尾羽不具白斑 ·············· 栗鹀 E. rutila
   最外侧尾羽具显著白斑 ·· 2

2. 体几纯色,雄鸟纯蓝色,雄鸟大都深棕以至橄榄褐色
   ······································ 蓝鹀 E. siemsseni
   体羽非纯色 ·· 3

3. 体侧具黑色纵纹,或则与腹部异色 ················· 4
   体侧无黑色纵纹,而与腹部同色 ················· 15

4. 下体无黄色 ·· 5
   下体多少有些黄色 ·· 13

5. 胸具显著纵纹 ·· 6
   胸不具纵纹 ··· 10

6. 耳羽褐或黄褐色 ··· 7
   耳羽栗色 ··· 8

7. 翅长超过 85 mm ·············· 白头鹀 E. leucocephalos
   翅长不及 85 mm ················· 田鹀 E. rustica

8. 喉黄褐色 ························· 小鹀 E. pusilla
   喉近白色 ··· 9

9. 胸栗,形成横带状 ················ 栗耳鹀 E. fucata
   胸无栗色 ······················· 芦鹀 E. schoeniclus

10. 眉纹白色 ······················ 白眉鹀 E. tristrami
    不具眉纹 ··· 11

11. 后颈有白领,腰和尾上覆羽均灰,肩羽黑而外翈白 ········· 12
    后颈有棕领,腰和尾上覆羽沙棕色,肩羽亦同
    ······································ 红颈苇鹀 E. yessoensis

12. 无眉纹,前颊黑 ························· 苇鹀(♂)E. pallasi

有眉纹,前颊白 ························· 苇鹀(♀)E. pallasi

13. 头顶黑色(♂);或红褐色,而具黑色条纹(♀)

·································· 黄喉鹀 E. elegans

头顶非黑色或红褐色 ··························· 14

14. 喉苍灰;额基黑 ············· 灰头鹀(♂)E. spodocephala

喉、额鲜黄色,周围橄榄绿色 ······· 灰头鹀(♀)E. spodocephala

15. 头顶栗色,喉白或微沾灰;眉纹白(♂)或皮黄色斑(♀)

·································· 三道眉草鹀 E. cioides

头部底色为灰色;眉纹亦灰色 ···················· 16

16. 头顶侧冠纹黑色 ····················· 灰眉岩鹀 E. cia

头顶侧冠纹栗色 ················· 戈氏岩鹀 E. godlewskii

铁爪鹀属 Calcarius

铁爪鹀 C. lapponicus

翅较尖长,前三枚初级飞羽约相等并最长;前三趾的诸爪甚扁平,后趾爪特长;雄鸟头、喉和胸呈黑色。

哺乳纲 MAMMALIA

甘肃省分布哺乳纲动物162种,隶属8目29科99属。

哺乳纲动物主要量度

（一）

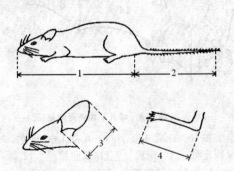

咀齿类　　　　　　　　偶蹄类

图5-1　哺乳动物身体各部位名称

1.唇　2.吻　3.颊　4.眼　5.额　6.耳　7.下颏　8.颈　9.背
10.腰　11.臀　12.尾　13.肩　14.前胸　15.胸　16.腹　17.鼠
蹊　18.上臂　19.肘　20.前臂　21.腕　22.前足　23.股　24.膝
25.胫　26.跗　27.后足　28.蹄（爪、趾甲）　29.角

图5-2　哺乳动物外形测量（一）

1.体长　2.尾长　3.后足长　4.耳长

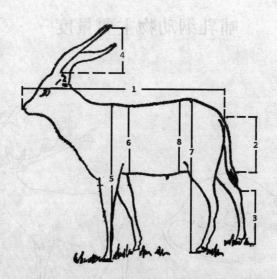

图5-3　哺乳动物外形测量（二）

1.体长　2.尾长　3.后足长　4.耳长　5.肩高　6.胸围

7.臀高　8.腰围

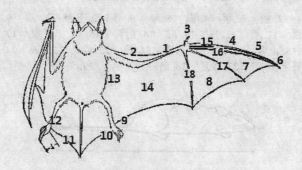

图5-4　哺乳动物外形测量（三）

1.前臂桡骨　2.肱骨　3.第1指骨　4～6.第1～3指骨　7～8.指间膜

9.翼膜游离缘固定处　10.距膜　11.股间膜　12.距　13.侧膜

14.翼膜　15～18.第2～5指的掌骨

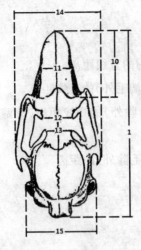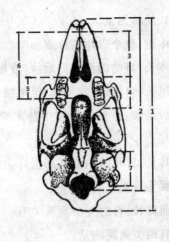

头骨背面   头骨腹面

图5-5 哺乳动物头骨测量:兔形目(改自王香亭,1991)

1. 颅全长 2. 颅基长 3. 齿隙   4. 上臼齿列 5. 硬腭长
6. 腭长   7. 听泡长 8. 听泡宽 9. 腭宽   10. 鼻骨长
11. 鼻骨宽 12. 眶间宽 13. 眶后宽 14. 颧宽   15. 后头宽

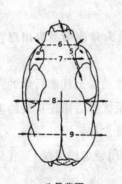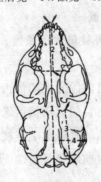

头骨背面   头骨腹面

图5-6 哺乳动物头骨测量:食肉目(仿高耀庭等,1987)

1. 颅基长 2. 上齿列长 3. 听泡长 4. 听泡宽 5. 鼻骨长
6. 吻宽   7. 眶间宽   8. 颧宽   9. 后头宽

（二）哺乳纲所用部分术语的说明

1. 外形测量

体重：整个兽体的称重。

体长：自吻端至肛门后缘（或尾基）的直线距离。

尾长：自肛门（或尾基）至尾端（除端毛外）的直线距离。

后足长：后肢跗蹠至中趾末端（爪除外）的直线距离（有蹄类到蹄尖）。

耳长：自耳的内面基部至耳尖（簇毛除外）的距离。

翼手目尚需测量：

前臂长：自肘关节至腕关节。

有蹄类尚需测量：

躯干长：自肩关节的前缘到股后缘。

肩高：自肩部最高点至前肢末端。

臀高：自肩部最高点至后肢末端。

胸围：胸腔的最大周距。

2. 头骨测量

颅全长：头骨最大的长度，自头骨前端最突出点至后端最突出点的直线距离。

颅基长：自前颌骨上门齿齿槽前缘至枕髁后缘的距离。

颅基底长：自门齿齿槽后缘至枕髁后缘连接线的垂直距离。

基长：自前颌骨最前端至枕骨大孔后缘。

基底长：自前颌骨最后端（大门齿齿槽后缘）至枕骨大孔下缘的最短距离。

颅高：顶骨最高点至听泡最低点垂直高度。

鼻骨长：自鼻骨前缘至鼻骨后缘。

眶间宽：两眼眶内侧间的最小距离。

颧宽：两颧弓外缘间的最大距离。

后头宽:后头部两侧之最大宽度。

吻长:眶下孔前缘至吻部最前端之距离。

吻宽:左右犬齿外基部间的水平距离。

下颌骨长:下颌骨连结齿的最大直线长。

齿隙:自门齿后缘至颊齿前缘的距离。

腭长:自上门齿中间齿槽后缘至腭骨后缘(不包括棘突)的最短距离。

听泡长:听泡前后缘间的最大距离。

听泡宽:听泡左右缘间的最大距离。

听泡间宽:两听泡内缘间的最短距离。

乳突间宽:左右乳突间的最大距离。

上齿列长:自最前上颊齿前缘至最后上颊齿后缘的距离。

下齿列长:自最前下颊齿前缘至最后上颊齿后缘的距离。

颊齿列宽:颊齿列的最大宽度。

甘肃哺乳动物分目检索

1. 前肢特别发达,变翼,具翼膜,适于飞行 ……… 翼手目Chiroptera
   前肢正常,不呈翼状 …………………………………………… 2

2. 拇趾(大指)和其它趾(指)可对握 ……………… 灵长目Primates
   拇趾和其它趾(指)不能对握 …………………………………… 3

3. 趾端具爪 …………………………………………………………… 4
   趾端具蹄 …………………………………………………………… 7

4. 无犬齿,门齿和颊齿间有虚位 …………………………………… 5
   有犬齿,门齿和颊齿间无虚位 …………………………………… 6

5. 上颌具门齿2枚 ………………………………… 啮齿目Rodentia
   上颌具门齿4枚,其中一对小门齿位于锄状大门齿之后

.... 兔形目 Lagomorpha

6. 吻尖长,上唇显著超过下唇,中央一对门齿通常较其余门齿大

.... 食虫目 Insectivora

吻正常,上下唇几等长,中央一对门齿较其余门齿小

.... 食肉目 Carnivora

7. 具单蹄(即四肢仅第3或第4趾发达有用)

.... 奇蹄目 Perissodactyla

具双蹄(即四肢的第3、4趾均发达有用)

.... 偶蹄目 Artiodactyla

一、食虫目 Insectivora

食虫目分科检索

1. 白齿齿冠间几近方形,具有四个约相等的齿尖及一个中央小齿
尖,头骨骨缝清晰,颧弓完整而粗大 ……… 刺猬科 Erinaceida
白齿齿冠间无中央小齿尖 2
2. 颧弓纤细而完整,体型适于地下生活…………… 鼹科 Talpidae
颧弓不完全或缺如,体型"鼠型" …………… 鼩鼱科 Soricidae

(一)刺猬科 Erinaceida

刺猬科分属检索

耳较长,显露于后方棘刺之外,头骨之颌关节盂后突与乳突近乎
等大 …………… 大耳猬属 *Hemiechinus*
耳较短,不显露于后方棘刺之外,头骨之颌关节盂后突显然小于
乳突 …………… 猬属 *Erinaceus*

大耳猬属 *Hemiechinus*

额骨上有"V"形嵴状隆起,基枕骨略呈三角形,头部、体侧及腹部
被毛细软 ···················· 大耳猬 *H. auritus*

额骨上无"V"形嵴状隆起,基枕骨明显呈梯形,头部、体侧及腹部
被毛粗硬 ···················· 达乌尔猬 *H. dauricus*

猬属 *Erinaceus*

普通刺猬 *E. europaeus*

耳较短小。头顶部的棘刺向左右两侧分批,体背长粗而硬的棘
刺,棘刺土棕色,无纯白棘刺存在。四肢及尾短小。

(二)鼩鼱科 Soricidae

鼩鼱科分属检索

1. 齿尖栗红色 ···················· 鼩鼱属 *Sorex*
   齿尖全白,绝不沾染栗红色调 ···················· 2

2. 体形适于地下穴居生活,尾粗短,不及后足长,耳退化,上颌每侧具
   齿7枚、齿式(2·1·1·3/1·1·1·3)=26 ···· 短尾鼩属 *Anourosorex*
   体形不适于地下穴居生活,尾长于后足,耳正常、上颌每侧齿数多
   于7枚 ···················· 3

3. 有水栖适应特征,尾长,被毛密。尾下及趾均具短毛构成的毛栉
   ···················· 4
   无水栖适应特征,尾端,被毛疏,尾下及趾无毛栉 ···················· 5

4. 趾具蹼、尾上下及两侧具栉毛,无耳壳 ········· 蹼足鼩属 *Neclogal*
   趾无蹼、尾仅下面略有毛栉,有耳壳 ········· 水麝鼩属 *Chimmarogale*

5. 齿式(3·1·2·3/1·1·1·3)=30 ···················· 臭鼩属 *Suncus*
   齿式(3·1·1·3/1·1·1·3)=28 ···················· 麝鼩属 *Crocidura*

鼩鼱属 Sorex

1. 体背中央有或隐或显的黑色纵纹一条

   ·················· 纹背鼩鼱 *S. cylindricauda*

   体背中央无黑色纵纹 ·· 2

2. 上颌第1、2、3单尖齿齿冠几等大,其中第2个等于或略小于第3个。体形小,体长60 mm以下,后足(不连爪)长小于11 mm

   ·················· 小鼩鼱 *S. minutus*

   上颌第2单尖齿显著大于第3个,体长超过60 mm,后足长大于11 mm ·················· 3

3. 颅基长小于18 mm,上齿列长不超过7.5 mm,下颌第1单尖齿低矮,其高小于长度之半,上颌第3、4单尖齿齿冠几近相等

   ·················· 中鼩鼱 *S. caecutiens*

   颅基长大于18 mm,上齿列长超过7.5 mm,下颌第1单尖齿甚高,其高大于长度之半,上颌第3、4单尖齿依次减小

   ·················· 普通鼩鼱 *S. araneus*

短尾鼩属 Anourosorex

短尾鼩 *A. squamipes*

体型较粗壮,吻短钝。尾光裸无毛上有棕黑色鳞片。爪发达。体毛长而浓密,背部深灰黑色至黑棕色,两颊常有一棕赭色细斑。

蹼足鼩属 Neclogal

蹼足鼩 *N. elegans*

尾较长。全身被覆柔软的绒毛,杂有较长而稍粗的针毛,背毛鼠灰色,腹毛棕褐色,尾毛白色条状。趾和尾上具由短毛构成的栉毛。

水麝鼩属 Chimmarogale

喜马拉雅水麝鼩 C. platycephala

体型较大,四肢发达,趾两侧足侧长有扁而硬的栉毛,状若蹼。眼小,耳壳退化,听孔后方有一半月形的瓣状耳屏。尾与体均等长,具稀疏长毛,臀部的疏毛特长。

臭鼩属 Suncus

臭鼩 S. murinus

吻尖长,明显超出下颌前方。耳较圆大且露在毛被之外。尾粗壮,被覆短毛,杂有稀疏的细长毛,尾末端尖。体被短而柔的密毛。体侧中部具1麝香腺。

麝鼩属 Crocidura

体小,颅全长小于18 mm,后足长(不连爪)超过12 mm,尾较短,平均不及体长70% ·················· 北小麝鼩 C. suaveolens

体大,颅全长20 mm左右,后足长(不连爪)14 mm

·················· 灰麝鼩 C. attenuate

(三)鼹科 Talpidae

鼹科分属检索

上颌前门齿小,犬齿大于门齿,尾长约等于后足长,前足特别大

·················· 麝鼹属 Scaptochirus

上颌前门齿大于其后各门齿及犬齿,尾长不小于后足长的一倍

·················· 甘肃鼹属 Scapanulus

麝鼹属 Scaptochirus

麝鼹 S. moschatus

吻较短、尖。眼、耳退化。尾毛稀疏,覆以鳞片。前足五趾分

开,趾端长有平扁强壮锐爪,后足短小。全身被以棕色的细密柔毛,毛基深灰色,毛尖沾棕。

甘肃鼹属 *Scapanulus*

甘肃鼹 *S. oweni*

体短粗而圆,吻部尖长,腹面中央有一纵沟。前足中等宽,爪发达。后足第1趾外翘,与直立的第2趾成45°角。尾棍棒状。全身被毛棕黄灰色。

二、翼手目 Chiroptera

翼手目分科检索

1. 吻鼻部有突出的叶状衍生物,构成鼻叶,足趾具三趾骨,下颌具3枚前臼齿 ················· 菊头蝠科 Rhinolophidae

   吻鼻部无突出的叶状衍生物 ·································· 2

2. 尾末端不从股间膜穿出,不呈游离状

   ·································· 蝙蝠科 Vespertilionidae

   尾末端从股间膜穿出,呈游离状,第2指具指骨

   ·································· 犬吻蝠科 Molossidae

(四)蝙蝠科 Vespertilionidae

蝙蝠科分属检索

1. 上下颌每侧犬齿之后的颊齿6枚,齿式为$(2 \cdot 1 \cdot 3 \cdot 3/3 \cdot 1 \cdot 3 \cdot 3)=38$

   ·································· 鼠耳蝠属 *Myostis*

   上下颌每侧犬齿之后的颊齿少于6枚,齿式非上述 ·············· 2

2. 上颌每侧具前臼齿2枚 ································· 3

   上颌每侧具前臼齿1枚 ································· 5

3. 耳巨大，显然长于头部，下颌每侧具前臼齿3枚

 ························· 兔耳蝠属 *Plecotus*

耳正常，不超过头长，下颌每侧具前臼齿2枚 ·········· 4

4. 头骨吻部鼓凸，左右耳不相连 ········· 伏翼属 *Pipistrellus*

头骨吻部凹陷，左右耳在额部相连 ········· 阔耳蝠属 *Barbastella*

5. 头骨吻部两侧鼓凸，其前端鼻窦之深不及吻端至眶间狭缩处全距

之半，腭窦深大于宽 ········· 棕蝠属 *Eptesicus*

头骨吻部两侧凹陷，其前端鼻窦之深达吻端至眶间狭缩处全距之

半，腭窦宽大于深 ········· 蝙蝠属 *Vespertilio*

鼠耳蝠属 *Myostis*

1. 后足发达，连爪长超过胫长之半，约达后者的60～70%。体型极

小，前臂长31～34 mm，胫长约12.6 mm ····· 小鼠耳蝠 *M. davidi*

后足不发达，连爪长约为胫长的一半 ········· 2

2. 体型极小，头骨颅全长不超过13 mm，颅宽不及8 mm，前臂长

30～33 mm ········· 伊氏鼠耳蝠 *M. ikonnikovi*

体型稍大，头骨颅全长超过13 mm，颅宽大于8 mm，前臂长一般

达33～39 mm ········· 须鼠耳蝠 *M. mystacinus*

兔耳蝠属 *Plecotus*

兔耳蝠 *P. auritus*

耳壳椭圆形。耳内缘基部左右会合，会合处稍上方有一突出叶
和一条明显的皮褶。尾长，包在股间膜之内。体背淡褐色，毛基黑
褐色，毛尖灰褐色。

伏翼属 *Pipistrellus*

普通伏翼 *P. abramus*

体型较小，前臂长32～35 mm，耳屏较宽短。翼膜连至趾基；距为
一较低的骨脊。背毛深棕黑色，腹毛淡棕灰色，毛基褐色，毛尖灰棕。

阔耳蝠属 *Barbastella*

宽耳蝠 *B. leucomelas*

体型较小,耳发育正常,不呈管状且不超过臂长的一半;两耳在额部的皮褶几乎接近;两眼之下与鼻孔之间裸露。第3指的第2指节不特别发达;第5指正常。

棕蝠属 *Eptesicus*

体型较小、前臂长38~42 mm,头骨最大长度约16 mm
·· 北棕蝠 *E. nilssoni*

体型较大、前臂长49~57 mm,头骨最大长度超过20 mm
·· 大棕蝠 *E. serotinus*

蝙蝠属 *Vespertilio*

体型较大,前臂长46~54 mm,头骨最大长度大于17 mm,颧宽一
般大于10.8 mm ·························· 东方蝙蝠 *V. superans*

体型较小,前臂长41~46 mm,头骨最大长度小于17 mm,颧宽一
般小于10.8 mm ·························· 普通蝙蝠 *V. murinus*

(五)菊头蝠科 Rhinolophidae

菊头蝠属 *Rhinolophus*

鞍状叶的两侧缘凹入,第3、4、5指的掌骨不等长,或第3掌骨最
短,第3指的第2指节大于第1指节的1.5倍
·· 马铁菊头蝠 *R. ferrumequinum*

鞍状叶的两侧缘呈平行状,第3、4、5指的掌骨近于等长,第3指的
第2指节等于或小于第1指节的1.5倍
·· 鲁氏菊头蝠 *R. rouxi*

（六）犬吻蝠科 Molossidae

犬吻蝠属 Tadarida

犬吻蝠 T. plicata

吻突出,无鼻叶。耳近方形,双耳在额部相接,耳屏发达。股间膜窄而厚,尾后半部由股间膜伸出。后肢粗短。前肢5趾,第1指具爪;第2指不游离;第3指及掌骨均发达;第5指仅略长于第3指掌骨。

三、灵长目 Primates

（七）猴科 Cercopithecidae

猴科分属检索

尾长短于体长,有颊囊,鼻端及鼻骨正常 ……… 猕猴属 Macaca

尾长不短于体长,无颊囊,鼻端朝上,鼻骨退化

……………………………… 仰鼻猴属 Rhinopithecus

猕猴属 Macaca

尾中等长,至少超过后足长,身体上半部棕灰,下半部棕黄或铁

锈色 ………………………………… 猕猴 M. mulatta

尾极短,不及后足长,全身深棕或棕黑色

……………………………… 短尾猴 M. speciosa

仰鼻猴属 Rhinopithecus

金丝猴 R. roxellanae

体健壮、吻部肿胀而突出。颜面天蓝色,头圆耳短,鼻孔上仰,

眼周白色。成兽两嘴角犬齿部位有瘤状突起。背、肩部及前肢上臂批有光亮如丝的金黄色长毛。

四、兔形目 Lagomorpha

(八)鼠兔科 Ochotonidae

鼠兔属 *Ochotona*

5. 躯体较大,平均体重超过 80g,头骨较宽,颧宽平均等于或超过
　18(17. 1～19. 9)mm ·············· 西藏鼠兔 *O. thibetana*
　躯体较小,平均体重超过 70g,头骨较窄,颧宽平均不到 16
　(13. 5～16. 7)mm ·· 8
6. 冬毛背面浅灰黄褐色,头骨较大,颧宽为 15.8(15. 3～16. 7)mm,为
　枕鼻长的 45.7(43. 6～47. 3)% ············· 间颅鼠兔 *O. cansus*
　冬毛背面鼠灰色,头骨特别细长,颧宽为 14(13～14. 8)mm,为枕
　鼻长的 40.4(39. 4～41. 6)% ············· 狭颅鼠兔 *O. thomasi*
7. 吻鼻部四周黑褐色,额骨甚隆突,侧视头骨背面弧度较大,颅高
　17. 9±0.08 mm,听泡显小,外部侧扁,听泡长平均 10. 6±0. 13 mm
　·· 黑唇鼠兔 *O. curzoniae*
　吻鼻部四周沾污白色,额骨稍隆起,侧视头骨背面弧度较小,颅高
　16. 9±0. 15 mm,听泡发达,外侧显著鼓胀,听泡长 12. 1±0. 13 mm
　·· 达乌尔鼠兔 *O. daurica*

(九)兔科 Leporidae

兔属 *Lepus*

臀部显著灰色,尾背中央黑色条纹较狭窄
··· 高原兔 *L. oiostalus*
臀部毛色与背同色,或稍浅,尾背中央黑色条纹较宽
··· 草兔 *L. capensis*

五、啮齿目 Rodentia

啮齿目分科检索

1. 臼齿(包括前臼齿,下同)等于或大于 4/4 ·················· 2

　　　　臼齿少于4/4 …………………………………………… 4

2. 臼齿4/4,眶下孔很发达,体被硬刺棘;尾毛不蓬松

　　　…………………………………… 豪猪科 Hystricidae

　　臼齿一般为5/4,上颌第1前臼齿甚小;有的仅生臼齿,眶下孔很

　　　　小,体表无硬刺,尾毛蓬松 ………………………… 3

3. 身体两侧前后肢无飞膜(皮褶) ………… 松鼠科 Sciuridae

　　身体两侧前后肢有飞膜(皮褶) ……… 鼯鼠科 Petauristidae

4. 臼齿4/3;后肢适于跳跃,大多数后肢长度为前肢的4倍,尾长,尾

　　　之末端多数具发达毛束 ………………… 跳鼠科 Dipodidae

　　臼齿3/3 ………………………………………………… 5

5. 眶下孔下缘几乎是一条直线,成体臼齿咀嚼面呈块状的孤立环,

　　　体型较大,适于地下生活 ………… 竹鼠科 Rhizomyidae

　　眶下孔下缘呈"V"字形,成体臼齿的咀嚼面不呈块状的孤立环

　　　………………………………………………………… 6

6. 第1、2上臼齿咀嚼面的齿尖排成2纵列,或被珐琅质分割成为各

　　　种形状的齿叶 …………………… 仓鼠科 Cricetidae

　　第1、2上臼齿咀嚼面的齿尖有3纵列,或被珐琅质分割成板条状

　　　…………………………………………… 鼠科 Muridae

(十)松鼠科 Sciuridae

松鼠科分属检索

1. 体形细长,四肢较长,尾长超过体长之半,耳壳较长 ………… 2

　　体形粗壮,四肢较短,尾长不超过体长之半,耳壳短,趋于退化,或

　　　仅存皮褶 ………………………………………………… 5

2. 身体背面无条纹 ………………………………………… 3

　　身体背面有条纹 ………………………………………… 4

3. 尾基和腹部呈锈红色或橙黄色 ·········· 长吻松鼠属 *Dremomys*

　尾基和腹部不呈锈红色或橙黄色 ········ 岩松鼠属 *Sciurotamias*

4. 耳壳背面有簇毛,体之两外侧条纹为浅黄色或白色

　·· 豹鼠属 *Tamiops*

　耳壳背面无簇毛,体之两侧条纹为深褐色

　·· 花鼠属 *Eutamias*

5. 体型大,头身长大于 300 mm,尾粗而圆 ·········· 旱獭属 *Marmota*

　体型小,头身长小于 300 mm,尾细而趋于扁形

　·· 黄鼠属 *Citellus*

岩松鼠属 *Sciurotamias*

岩松鼠 *S. davidianus*

　体型较小,耳明显地伸出毛被之外。背毛纯黑色或棕红色,腹面自颈下方到鼠蹊部纯白色,冬毛在耳基部有明显的毛丛。

长吻松鼠属 *Dremomys*

长吻松鼠 *D. pernyi*

　外形似其它长尾松鼠,但颊无锈红色斑;尾毛不长但蓬松。尾腹面仅基部略沾锈红色,其余部分棕黄。

豹鼠属 *Tamiops*

豹鼠 *T. swinhoei*

　尾长大于体长之半,耳较发达,伸出毛被之外。背中部和体两侧各有一条暗色纵行条纹。背与暗色条纹共组成 3 条暗色纵行条纹。头骨较高,鼻骨长小于眶间宽。

花鼠属 *Eutamias*

花鼠 *E. sibiricus*

　耳壳较发达,明显地伸出毛被之外,背方及体侧共有 5 条黑色

或棕黑色的暗色纵行条纹,在暗色条纹之间的毛色较淡。头骨较扁平,鼻骨长大于眶间宽。

旱獭属 *Marmota*

喜马拉雅旱獭 *M. himalayana*

体型粗壮,尾较短,尾末端扁平。耳壳较小似皱褶。四肢极粗短。背毛深褐或草黄色,具分散的黑色斑纹。腹毛灰黄色。

黄鼠属 *Citellus*

达乌尔黄鼠 *C. dauricus*

眼大。耳壳退化,成嵴状。冬毛较长,背毛苍棕黄色,夏毛较冬毛色略深而形较短。乳头4对,腹部及鼠蹊部各2对。头骨外形粗短,略呈弧形。

(十一)鼯鼠科 Petauristidae

鼯鼠科分属检索

1. 体形小,成体体长(包括尾部)小于200 mm,颅全长小于41 mm
   ·· 飞鼠属 *Pteromys*
   体形大,成体体长大于500 mm ··························· 2
2. 第2上前臼齿比第1上前臼齿大,侧面观遮住第1上前臼齿,珐瑯质系复杂 ························· 复齿鼯鼠属 *Trogopterus*
   第2上前臼齿与第1上前臼齿的齿冠几相等,侧面观不能遮住第1上前臼齿 ··· 3
3. 上门齿宽,唇面中央有沟,第3上臼齿的齿冠较其他臼齿小;尾形粗大,形近扁平 ····················· 沟牙鼯鼠属 *Aëretes*
   上门齿窄,唇面中央无沟,上臼齿(不含前臼齿)几近相等;尾形细长,形近圆柱状 ················· 鼯鼠属 *Petaurista*

飞鼠属 *Pteromys*

小飞鼠 *P. volans*

体型小,尾长约为体长的2/3。尾扁,成羽状,飞膜腹侧边缘无白色毛边,后足趾端黑色或灰白色。耳基部无显著的长毛丛。夏毛呈褐色或褐黑色,冬毛为褐灰色,略带黄色。

复齿鼯鼠属 *Trogopterus*

黄脚复齿鼯鼠 *T. xanthipes*

体型中等,体长300 mm左右。尾长几乎与体长相等,尾扁圆形如舵,具长而蓬松的尾毛。耳基部前后都具有黑色细长的簇毛。须较长,且坚硬呈黑色。

沟牙鼯鼠属 *Aëretes*

沟牙鼯鼠 *A. melanopterus*

体型较大,体长超过335 mm。尾扁圆形与体长几相等,尾毛发达,向两侧分列生长。飞膜发达,棕黑色,外缘灰色。全身被以柔软的长毛,背毛黄灰棕色,腹毛棕白色。

鼯鼠属 *Petaurista*

1. 体背被毛灰色或棕灰色;耳外侧基部棕黄;腹毛灰,足背灰褐
 ···························· 灰鼯鼠 *P. xanthotis*
 体背被毛非灰色或棕灰色;耳外侧基部不呈棕黄色 ············· 2
2. 体型较小,颅全长不超过70 mm;后足长不及75 mm;背毛为一致的红棕色··················· 棕鼯鼠 *P. petaurista*
 体型较大,颅全长超过70 mm;后足长超过75 mm ············· 3
3. 后背部有大型黄白色斑,与周围粟红色显著差别;头部、颊部白色 ···················· 红白鼯鼠 *P. alborufus*
 后背部无大型黄白色斑,与周围颜色几近一致;头部与背同为粟

黑色 …………………………… 黄耳斑䶄鼠 *P. leucogenys*

（十二）仓鼠科 Cricetidae

仓鼠科分亚科检索

1. 臼齿咀嚼面有明显齿尖，大多数种类具颊囊

 …………………………… 仓鼠亚科 Cricetinae

 臼齿咀嚼面平直，不具颊囊 ………………………… 2

2. 臼齿咀嚼面形成左右互相交错的三角形，从侧面看，臼齿由许多
 三棱柱体组成，尾长一般不超过体长之半，大多数种类的门齿
 前面不具纵沟 …………………………… 3

 臼齿咀嚼面不形成左右互相交错的三角形，而形成菱形的齿环，
 尾长通常超过体长之半，门齿前面具有1条或2条纵沟

 …………………………… 沙鼠亚科 Gerbillnae

3. 前爪发达，爪长显著大于指长，营地下生活

 …………………………… 鼢鼠亚科 Myospalacinae

 前爪一般，不特化，爪长远远小于指长 ……… 田鼠亚科 Microtinae

仓鼠亚科 Cricetinae

仓鼠亚科分属检索

体形较小，后足较宽，整个足蹠被毛，无蹠垫，尾与后足等长或更
 短 …………………………… 毛足鼠属 *Phodopus*

体形较大，后足正常，近足裸部被毛而足蹠前部及趾下均裸出，蹠
 垫清晰，尾较长于后足 …………………………… 仓鼠属 *Cricetulus*

毛足鼠属 *Phodopus*

小毛足鼠 *P. roborovskii*

体长不超过90 mm。尾极短。具乳头4对。夏毛背部自吻至尾

上方及体侧上部均呈淡驼红色,背部中央不具黑色条纹,腹毛色纯白。

仓鼠属 *Cricetulus*

1. 体形较大,颅全长达 33 mm 以上;头骨眶上嵴发达
   ··· 大仓鼠 *C. triton*

   体形较小,颅全长小于 33 mm;头骨无眶上嵴 ·············· 2

2. 尾极短,近似或略超过后足长;头骨的顶间骨退化,其宽为长的 4~5 倍 ·················· 短尾仓鼠 *C. eversmanni*

   尾较长,其长至少超过后足长;头骨的顶间骨正常,其宽约为长的 3 倍 ·· 3

3. 背脊隐约有一黑色宽纹 ············· 黑线仓鼠 *C. barabensis*

   背脊不具隐约黑纹 ······································ 4

4. 腹毛全白,或仅腹部毛基深灰色 ·········· 灰仓鼠 *C. migratorius*

   腹毛全具深灰毛基,仅毛尖为白色 ···················· 5

5. 尾形粗长,平均为体长的 50% 左右,体侧背腹毛色交界呈波浪形镶嵌;顶骨前外角粗钝,不显著向内方钩入 ······ 藏仓鼠 *C. kamensis*

   尾形细长,平均为体长的 35% 左右,体侧背腹毛色交界平直;顶骨前外角尖细,显著向内方凹入 ············· 长尾仓鼠 *C. longicandatus*

鼢鼠亚科 Myospalacinae

鼢鼠属 *Myospalax*

头骨后端枕区宽大,自人字脊向下几呈直线状,第 3 臼齿后端无向后延伸的小突起,体毛棕红褐,尾毛稀疏几近裸露
   ··· 东北鼢鼠 *M. psilurus*

眼眶边缘外突,左右颞嵴平行;鼻骨后端尖。额骨前端嵌于其间
   ··· 中华鼢鼠 *M. fontanierii*

眼眶边缘不外突,二颞嵴合成矢状嵴,鼻骨后端不尖,与额骨前缘平直相接 ·························· 甘肃鼢鼠 *M. cansus*

田鼠亚科 Microtinae

田鼠亚科分属检索

1. 体形大,成体后足长达 65 mm;尾侧扁被鳞,后趾间半蹼
··· 麝鼠属 *Ondatra*
体形小,成体后足不及 35 mm;尾圆被毛,后足趾间无蹼 ········ 2

2. 耳壳退化不显露,上门齿强烈前倾,突出于口外
····································· 鼹形田鼠属 *Ellobius*
耳壳正常而外露,上门齿不甚前倾,也不突出口外
·· 3

3. 腭骨后缘在鼻后孔与翼突的基部截然中断 ············· 4
腭骨后缘在鼻孔与翼突的基部向后延伸,连接于翼间隔的前缘
·· 6

4. 成体臼齿具根,其臼齿外侧棱角均不及齿槽上缘
······································· 鼠平属 *Clethrionomys*
成体臼齿无齿根,其臼齿外侧棱角直通齿槽内 ············· 5

5. 背面毛色较深,一般呈黑棕色。臼齿棱角较钝圆,内凹角较窄
······································· 绒鼠属 *Eothenomys*
背面毛色淡,一般呈灰色,臼齿棱角明显,内凹角较宽
······································· 高山鼠平属 *Alticola*

6. 尾极短,小于后足长,后足表面全被密毛。第 3 臼齿咀嚼面形成封闭三角形 ············· 兔尾鼠属 *Lagurus*
尾较长,超过后足长,后足掌仅后部具毛。第 3 下臼齿咀嚼面未形成完全封闭三角形 ························· 7

-202

7. 门齿前面具纵沟。第3上臼齿内侧仅有1个凹角

　　 ··· 沟牙田鼠属 *Proedromys*

　　 门齿前面平滑。第3上臼齿内侧有2个凹角 ················· 8

8. 第1下臼齿前叶和后横叶之间有4~5个封闭的三角形

　　 ··· 田鼠属 *Microtus*

　　 第1下臼齿前叶和后横叶之间有3个封闭的三角形

　　 ·· 松田鼠属 *Pitymys*

麝鼠属 *Ondatra*

麝鼠 *O. zibethica*

头较扁平,耳退化,隐于毛中。前肢短无蹼。尾基部圆形,约为体长2/3,尾被小而圆的鳞片与稀疏的黑褐色短毛。

鼹形田鼠属 *Ellobius*

鼹形田鼠 *E. talpinus*

形如鼹鼠。尾长约为体长的1/3。后蹠通常不大于18 mm。耳壳高度退化,仅在耳区毛被之下有一耳孔。前足铲状,适于挖掘。

䶄属 *Clethrionomys*

棕背䶄 *C. rufocanus*

外型粗壮,肥胖,毛长而蓬松。尾长为体长1/3,尾椎形小,尾毛亦短,外观尾极纤细。四肢较短小,足上部长毛,背侧长毛可至趾端。耳较大,但藏于毛中。

绒鼠属 *Eothenomys*

1. 第1下臼齿左右对应的三角形通常融合

　　 ······································· 黑腹绒鼠 *E. melanogaster*

　　 第1下臼齿左右对应的三角形交错而分开 ················· 2

2. 尾长,大于55 mm ································· 洮州绒鼠 *E. eva*

尾短,约40 mm ·· 苛岚绒鼠 E. inez

高山鼾属 Alticola

腭骨后缘不中断,而与翼骨相连;体灰棕色;耳不具棕黄色斑纹

·· 银白高山鼾 A. argentatue

腭骨后缘截然中断,不与翼骨相连;体灰色;耳具棕黄色斑纹

·· 斯氏高山鼾 A. stoliczkanus

兔尾鼠属 Lagurus

兔尾鼠 L. luteus

体型较大,约135 mm左右。体背毛色沙黄,杂棕褐色毛尖,背中央无黑色条纹。体侧及腹面淡黄色。尾极短,其长不及后足长。耳壳短小,微露于毛被之外。后足蹠被以密毛。

沟牙田鼠属 Proedromys

沟牙田鼠 P. bedfordi

体型似田鼠,但体毛较长。体长约100 mm。尾长约占体长1/3。耳较小隐于毛被中。上门齿外侧具一行浅细的纵沟。

田鼠属 Microtus

1. 第1下臼齿最后横叶之前方有4个封闭的三角形与1个前叶

·· 根田鼠 M. oeconomus

第1下臼齿最后横叶之前方有5个封闭的三角形与1个前叶

··· 2

2. 体型较小,颅全长在28 mm以下;尾长不及体长之半

·· 普通田鼠 M. arvalis

体型较大,颅全长在30~32 mm之间;尾长超过体长1/3而接近体长之半 ································ 东方田鼠 M. fortis

松田鼠属 *Pitymys*

松田鼠 *P. ierne*

耳显露。第1臼齿前叶不退化,故在最后横叶前方仅有3个封闭三角形与一个前叶,第3下臼齿咀嚼面上的珐琅质不形成封闭的三角形。上门齿不向前突,成体臼齿无齿根。

沙鼠亚科 Gerbillnae

沙鼠亚科分属检索

1. 耳特别短小,不露出皮毛之外;颅全长一般不超过 30 mm
····················· 短耳沙鼠属 *Brachiones*

   耳正常,露出皮毛之外;颅全长一般超过 30 mm ·············· 2

2. 每个上门齿有 2 条纵沟;臼齿无齿根;第3上臼齿咀嚼面内外侧各有一缺刻,故使其分成两叶 ············ 大沙鼠属 *Rhombomys*

   每个上门齿前仅有 1 条纵沟,臼齿有齿根;第3上臼齿咀嚼面内外侧无缺刻,呈圆形 ··················· 沙鼠属 *Meriones*

短耳沙鼠属 *Brachiones*

短耳沙鼠 *B. przewalskii*

尾短于体长。体背沙黄色,吻部、眼周、耳周及体侧毛色较淡。尾二色,上面沙黄,下面白色。后足背面浅沙黄色,足掌毛色全白。

大沙鼠属 *Rhombomys*

大沙鼠 *R. opimus*

体型较大,尾长接近体长。体背沙黄色,腹面污白,微沾黄色。耳短小,耳壳前缘列生长毛。尾粗大而长,被密毛,尾后端毛较长形成笔状的“毛束”。每个上门齿前有 2 条纵沟。

沙鼠属 *Meriones*

1. 后足蹠部毛褐色,蹠部中央形成明显的深色长斑。尾两色,背面
黑褐棕色,腹面白色。颅全长大于 40 mm

············· 柽柳沙鼠 *M. tamariscinus*

后足蹠部毛白色或淡黄色;蹠部中央不形成深色长斑。尾背、腹
面毛色界限不明显,颅全长不及 40 mm ············· 2

2. 体腹面毛白色,爪白色或淡黄色

············· 子午沙鼠 *M. meridianus*

体腹面毛基灰色,毛尖白色;爪黑色

············· 长爪沙鼠 *M. unguiculatus*

(十三)竹鼠科 Rhizomyidae

竹鼠属 *Rhizomys*

中华竹鼠 *R. sinensis*

体型粗壮,外形似鼢鼠。成体体长小于 380 mm。头部钝圆,吻
较大。眼小。耳小,隐于毛被内。尾上均匀地被有长而细软稀毛。
前足较细小,爪亦短。第 2 与第 3 指爪几近相等。

(十四)鼠科 Muridae

鼠科分属检索

1. 第 1、2 上臼齿内侧后端具发达齿突 ············· 2
第 1、2 上臼齿内侧后端无发达齿突 ············· 3

2. 体形较大,耳壳发达,前折达眼;尾端上面不裸出,不能卷曲;头骨
吻部较长。头骨枕鼻长一般超过 22 mm

············· 姬鼠属 *Apodemus*

体形较小,耳壳不发达,前折仅及耳眼间距之半,尾端上面裸出,
　能卷曲,头骨吻部较短,头骨枕鼻长一般不及 20 mm
　　　　　　　　　　　　　　　　　　 ………… 巢鼠属 *Micromys*

3. 体形大,颅全长超过 28 mm;后足长超过 23 mm;上门齿后端不具
　缺刻;第 1 上臼齿齿冠不及第 2、3 臼齿齿冠的总和
　　　　　　　　　　　　　　　　　　 ………… 鼠属 *Rattus*
　体形小,颅全长不及 28 mm;后足长小于 23 mm;上门齿后端具明
　显缺刻;第 1 上臼齿齿冠大于第 2、3 臼齿齿冠总和
　　　　　　　　　　　　　　　　　　 ………… 小家鼠属 *Mus*

姬鼠属 *Apodemus*

1. 第 3 臼齿内侧具 2 齿突,形成二叶。体背中央具一黑色纵纹
　　　　　　　　　　　　　　　　　 ………… 黑线姬鼠 *A. agrarius*
　第 3 上臼齿内侧具 3 齿突,形成三叶,体背中央无黑色纵纹 ……… 2

2. 体背毛暗黄色;耳壳较长,达 17 mm;门齿孔达上臼齿前缘联线
　　　　　　　　　　　　　　　　　 ………… 中华林姬鼠 *A. draco*
　体背毛色棕黄;耳壳较小,不超过 16 mm;门齿孔离臼齿前缘联线
　较远 …………………………………………… 3

3. 体型较小;后足长不及 21 mm;颅全长不超过 28 mm,头背无显著
　眶上嵴 ………………………… 小林姬鼠 *A. sylvaticus*
　体型较大;后足长约 25 mm;颅全长达 28 mm 以上,头骨具显著眶
　上嵴 ………………………… 大林姬鼠 *A. speciosus*

巢鼠属 *Micromys*

巢鼠 *M. ninutus*

耳较小,耳屏极大。头部至体背 2/3～3/4 处为棕褐色,毛尖黑
色,毛基深灰色。背后端 1/3～1/4 背部锈棕色。尾尖背面光裸无
毛,尾上面棕黑,下面污白色。

鼠属 *Rattus*

1. 体型甚大,后足长超过 45 mm;头骨枕鼻长大于 50 mm;听泡长约
　为枕鼻长的 10% ·················· 白腹巨鼠 *R. edwardsi*
　体型中等,后足长不及 45 mm;头骨枕鼻长小于 50 mm ········ 2

2. 听泡较小,其长不超过枕鼻长的 15% ·························· 3
　听泡较大,其长超过枕鼻长的 15% ·························· 4

3. 腭长在 20 mm 以上;齿列长一般超过 6.8 mm····· 白腹鼠 *R. coxingi*
　腭长小于 20 mm;齿列长一般小于 6.8 mm ················· 5

4. 尾短,不及体长,头骨左右颞嵴几近平行········· 褐家鼠 *R. norvegicus*
　尾长,约等于体长或超过;头骨左右颞嵴呈弧形弯曲 ········· 6

5. 听泡较小,不及枕鼻长的 13%;尾长达体长的 140% 或更长;背毛
　棕褐色,多刺毛;腹毛乳白,毛尖不沾污黄色

　·························· 针毛鼠 *R. fulvescens*

　听泡较大,为枕鼻长的 15%;尾较短,不及体长的 130% 或更短,背
　毛灰褐,刺毛较少或缺如,腹面黄白,毛尖沾污黄色

　·························· 社鼠 *R. niviventer*

6. 腹毛毛尖沾棕黄色 ·················· 黄胸鼠 *R. flavipectus*
　腹毛毛尖白色 ·························· 7

7. 鼻骨较前颌骨短;成体后足长一般小于 20 mm

　·························· 黄毛鼠 *R. losea*

　鼻骨与前颌骨等长;成体后足长一般大于 34 mm

　·························· 大足鼠 *R. nitidus*

小家鼠属 *Mus*

小家鼠 *M. musculus*

吻短尖;体长大于尾长。门齿孔甚长。上门齿后方有一明显的
缺刻。背毛自灰褐–暗灰棕–黑褐–棕灰色不等。尾上下两色,上面

黑褐色-棕褐色,下面为白色-沙黄色。

(十五)跳鼠科 Dipodidae

跳鼠科分属检索

1. 体小,体长一般不超过 60 mm,听泡和乳突部特别扁平,在头骨后
   缘中央形成很窄的深沟,顶间骨长度大于宽度的一倍以上,抑
   或完全退化 ··· 2
   体大,体长一般超过 60 mm,听泡和乳突部不特别扁平,也不在头
   骨后缘形成明显的深沟(有时可能形成相当宽的凹陷),顶间骨
   的长度小于宽度 ·· 3

2. 后肢三趾,颧弓中部有向后下方斜伸的突起,上门齿前面无纵
   沟 ································· 三趾心颅跳鼠属 *Salpingotus*
   后肢五趾,颧弓中部无向后下方斜伸的突起,上门齿前面有一纵
   沟 ······························· 五趾心颅跳鼠属 *Cardiocranius*

3. 耳极大,其长接近体长之半,眶间宽最窄处在额骨中部
   ······································· 长耳跳鼠属 *Euchoreutes*
   耳较小,其长显著小于体长之半,眶间宽最窄处在额骨前部(正当
   泪骨后方) ··· 4

4. 后足三趾,上门齿前方有纵沟 ····································· 5
   后足五趾,上门齿前方无纵沟 ············· 五趾跳鼠属 *Allactaga*

5. 上门齿前方黄色,尾尖有黑白毛束,听泡较小,不成三角形,乳突部
   不后伸到枕骨之后方,头骨后缘平直 ········· 三趾跳鼠属 *Dipus*
   上门齿前方白色,尾尖黑色,无明显的黑白毛束,听泡较大,为三
   角形,乳突部膨大,显著超过上枕骨之后方,头骨后缘中部形成
   一个凹陷 ······························· 羽尾跳鼠属 *Stylodipus*

三趾心颅跳鼠属 *Salpingotus*

尾细长,尾末端毛细长、形成毛束。颧弓中部下伸突起长度长于
　颧弓后部之半 ···················· 三趾心颅跳鼠 *S. kozlovi*
尾粗短,尾末端毛稍长,但不形成毛束。颧弓中部下伸突起长度
　短于颧弓后部之半 ············· 肥尾心颅跳鼠 *S. crassicauda*

五趾心颅跳鼠属 *Cardiocranius*

五趾心颅跳鼠 *C. paradoxus*

耳小,圆筒状。尾较体稍长,尾端呈毛束。后趾下方毛不呈刷
状。体背及前肢外侧呈沙黄色或灰锈色,毛基灰色,上段沙黄,毛尖
黑色;体腹面自下唇至尾基为白色。

长耳跳鼠属 *Euchoreutes*

长耳跳鼠 *E. naso*

吻端呈圆形截面。触须特长。尾长约为体长的2倍,尾端有明显
的白-黑-白三段相间的尾穗。后足五趾,中间三趾长,第1、5趾短。

五趾跳鼠属 *Allactaga*

听泡大,其前部在头骨腹面中线几乎与其对侧听泡相接触。头骨
　小。上门齿不强烈向前倾斜,几乎与脑颅纵轴垂直。尾端毛束
　一般 ···················· 巨泡五趾跳鼠 *A. bullata*
听泡小,其前部与对侧的听泡距离与翼骨突起之间距离约相等。
　头骨大。上门齿向前强烈倾斜,与脑颅纵轴不垂直,尾端毛束
　特别发达 ···················· 五趾跳鼠 *A. sibirica*

羽尾跳鼠属 *Stylodipus*

羽尾跳鼠 *S. telum*

后足较长,3趾。尾端长毛侧分,形成黑褐色的扁平状毛束。

体背面为土黄沾灰色,眼周及体侧为污白色,耳后有一纯白色毛区。上门齿白色,上有一纵沟。

三趾跳鼠属 *Dipus*

三趾跳鼠 *D. sagitta*

后肢约为前肢的3倍,各趾下被有梳状硬毛。尾端有由黑褐色和白色组成的毛束或"旗",黑字褐色环在腹面被白毛隔开。

(十六)林跳鼠科 Zapodidae

林跳鼠科分属检索

体背中央有一条较宽的棕褐色条纹,腹毛纯白,上门齿前面有纵沟
·········· 林跳鼠属 *Eozapus*

体背中央无条纹,腹毛毛基灰色,毛尖白色,上门齿前面无纵沟
·········· 蹶鼠属 *Sicista*

林跳鼠属 *Eozapus*

林跳鼠 *E. setchuanus*

后肢约为前肢长的2倍。尾长约为体长的1.5倍。尾被稀疏短毛,端无毛束,被鳞明显。头及体背有棕褐色带,体侧棕黄色,腹毛纯白。

蹶鼠属 *Sicista*

蹶鼠 *S. concolor*

尾约为体长的1.5倍,末端无毛束。耳较大。后足5趾,两侧趾中至少有1趾可达中间3趾基部。体背浅黄灰色,体侧色淡,腹毛呈污白色。

(十七)豪猪科 Hystricidae

体表具坚硬的棘刺,尾亦具棘刺或刚毛为主要特征。通常具相当大的鼻室。头骨额骨部分大于顶骨,颧骨构成颧弓中部,上下颌每边有4颊齿。臼齿全为高冠型齿。齿型$\frac{1.0.1.3}{1.0.1.3}$=20。

豪猪属 *Hystrix*

豪猪 *H. hodgsoni*

全身棕褐色,前背棘刺多呈方形,后背粗棘圆形。上颌具门齿一对。尾较短。鼻骨约为前颌骨长的1.5倍,其末端显著超过泪骨后缘。

六、食肉目 Carnivora

食肉目分科检索

1. 体型粗壮,各足均具5趾 ·················· 2
   体型细长,后足通常仅具4趾 ·················· 4
2. 体型较小,尾长大于体长之半,臼齿2/2,上臼齿的宽大于长
   ·················· 浣熊科 Procyonidae
   体型较大,尾很短,最后一上臼齿的最小宽度约等于最大长度之
   半 ·················· 3
3. 吻短,自吻先端至眼眶的长度小于最大颧宽的一半,臼齿2/2
   ·················· 大熊猫科 Ailuropodidae
   吻长,自吻先端至眼眶的长度大于最大颧宽的一半
   ·················· 熊科 Ursidae
4. 四肢短,体形长,多具臭腺 ·················· 5

四肢长,多不具臭腺 ··· 6

5. 体型较小,臼齿 1/1 或 1/2,上臼齿的内缘比外缘宽

·· 鼬科 Mustelidae

体型较大,臼齿 2/2 或 1/2,上臼齿的内缘比外缘窄

··· 灵猫科 Viverridae

6. 臼齿 2/3 或 2/2,上臼齿具明显齿尖,下裂齿内侧具一小齿尖,爪无

屈伸性 ·· 犬科 Canidae

臼齿 1/1,上臼齿退化,无明显齿尖,下裂齿内侧无齿尖,爪具屈伸

性··· 猫科 Felidae

(十八)浣熊科 Procyonidae

小熊猫属 *Ailurus*

小熊猫 *A. fulgens*

头短宽,面颊圆,吻略突出,耳廓向前伸长。四肢粗壮,端部锐
爪色白且能伸缩。尾长大,有黄白棕红相间的九个环纹。通体棕红
色,前额棕白。

(十九)大熊猫科 Ailuropodidae

大熊猫属 *Ailuropoda*

大熊猫 *A. melanoleuca*

蹠行性。四肢各具 5 指(趾),指、趾间有皮膜,有掌垫和趾垫。
足底有较长的黑毛;被毛为黑白两色,白色居多;耳内外、眼周、四肢
为黑色,两前肢的黑色部分沿肩带伸向背面,至背中线相连构成一
条黑色环带;头、腰白或灰白色;腹部灰白或黑棕,臀部污白色。

(二十) 熊科 Ursidae

熊科分属检索

体毛棕褐,前肢腕垫小且与掌垫分开,最后1枚下臼齿近三角形
·················· 棕熊属 *Ursus*

体毛黑色,前肢腕垫大且与掌垫相连,最后1枚下臼齿近方形
·················· 黑熊属 *Selenarctos*

棕熊属 *Ursus*

棕熊 *U. arctos*

体型大,头宽而圆,吻部长而向前突出。鼻宽阔,前端裸出。耳壳直竖。尾短。四肢趾端具褐色扁平弯曲的爪。腕垫小略呈圆形,蹠垫宽而肥厚。

黑熊属 *Selenarctos*

黑熊 *S. thibetanus*

体粗胖。头部宽,吻较短,鼻端裸出。耳长圆,内外均被毛。体被黑而厚的长毛,胸毛短白成新月形白斑。尾短。四肢粗壮,爪黑而弯曲。腕垫宽大,与掌垫相连。

(二十一) 灵猫科 Viverridae

灵猫科分亚科检索

趾行性,腕垫1个,蹠垫消失,尾具黑白或栗褐与黄色相间的环纹
·················· 灵猫亚科 Viverrinae

半蹠行性,腕垫和蹠垫各2个,尾无上述颜色相间的环纹
·················· 长尾狸亚科 Paradoxurinae

灵猫亚科 Viverrinae

灵猫属 *Viverra*

大灵猫 *V. zibetha*

体较大,耳间距较远,头后到尾基有一条由长黑鬣毛形成的背中线。颈部左右两侧各有三条黑色半圆形斑纹。尾上有六个大小不同的闭锁形黑环,中间隔以白环,末端黑色。

长尾狸亚科 Paradoxurinae

花面狸属 *Paguma*

果子狸 *P. larvata*

肢短,5趾。头有一条白色纵纹自鼻后延伸至前背。自颈部向后至背有5条狭形黑色纵纹,肩后至体侧有3~4行纵列的黑色斑点。

(二十二)鼬科 Mustelidae

鼬科分属检索

1. 体细长,足全被毛,趾具伸屈性,上齿列前缘中央凹入呈"Y"字形,上白齿宽大于长 ···················· 2

 体粗壮,足腹面不被毛,趾不能伸屈,上齿裂呈三角形;下白齿长大于宽 ···························· 4

2. 头躯长在400 mm以上,前白齿4/4············· 貂属 *Martes*

 头躯长在400 mm以下,前白齿3/3 ··············· 3

3. 体背棕黄,具显著黑色点斑;下裂齿内缘有一齿尖

 ·························· 虎鼬属 *Vormela*

 体背色一致,不具斑点,下裂齿内缘无齿尖 ········· 鼬属 *Mustela*

4. 足适于游泳,趾间有蹼,爪小,尾长超过体长之半 ······ 水獭属 *Lutra*

足适于掘土,趾间无蹼,爪强大,尾长不到体长的一半 ·········· 5

5. 喉黑褐色,鼻垫与上唇间被毛,上臼齿呈长方形 ········ 獾属 *Meles*

喉白,鼻垫与上唇裸出,上臼齿斜方形 ········ 沙獾属 *Arctonyx*

貂属 *Martes*

体形小,喉斑柠檬黄色,尾长于 360 mm,头骨的基长在 83 mm 以上

··· 青鼬 *M. flavigula*

体形小,喉斑白色,尾长一般不到 360 mm,头骨基长不到 83 mm

··· 石貂 *M. foina*

虎鼬属 *Vormela*

虎鼬 *V. peregusna*

外形似黄鼬但较小,体背黄色,杂有褐色和棕色斑纹和斑块,喉胸四肢及腹部黑色,体侧略带红棕色。尾基部 2/3 淡黄色,基部下面为暗黑色,尾末端黑褐色。

鼬属 *Mustela*

1. 背、腹部颜色在体侧无截然的分界 ···························· 2
   背、腹部颜色在体侧截然分界 ······························· 3

2. 体较小,背面棕黄色,足及尾和背相同 ········ 黄鼬 *M. sibirica*
   体较大,背面浅黄色,足及尾端黑色 ········ 艾鼬 *M. eversmanni*

3. 腹面白色,冬毛除尾尖外全身变为白色;头骨较短宽,后头宽相当
   于颅基长的一半 ································ 白鼬 *M. ermine*
   腹面非白色,冬毛不变白;头骨狭长,后头宽不小于颅基长的一半

··· 香鼬 *M. altaica*

水獭属 *Lutra*

水獭 *L. lutra*

头宽扁,耳短圆,颈部粗壮;尾长,基部较粗。四肢粗,趾间具

蹼,具短而侧扁的爪。体背自额至尾及四肢的背面咖啡色。上唇白,颊和颈侧的针毛毛尖白色;腹毛淡栗棕。

獾属 *Meles*

狗獾 *M. meles*

头部有白色纵纹3条,中间一条到额部,颊两侧各有一条,中间介以两条黑棕色纹。下颏、喉部、颈下及身体腹面与四肢黑棕褐色。

沙獾属 *Arctonyx*

猪獾 *A. collaris*

鼻垫与上唇之间裸露,喉部白色,尾白色较长。四肢棕黑,爪淡黄色。体黑棕杂白,头面部除三条白纹外,其余部分为黑棕色,眼周近黑色。耳背及后缘黑棕,上缘白色。

(二十三)猫科Felidae

猫科分属检索

1. 体形大,体长在1.2 m以上;尾长超过体长一半;舌骨弧长且为软骨质,额骨及颧骨的眶后突均钝 ·················· 豹属 *Panthera*
   体形小,体长多在1 m以下;多数种类尾长不到体长的一半;舌骨弧上部骨化,紧连喉及颅基;额骨及颧骨的眶后突较发达 ······ 2
2. 体背具云状块斑,犬齿特长,上犬齿长达上裂齿1.5倍
   ····························· 云豹属 *Neofelis*
   体背无云状斑,犬齿正常,略大或等于上裂齿长 ······· 3
3. 成体上前臼齿2枚 ················· 猞猁属 *Lynx*
   成体上前臼齿3枚 ······················· 4
4. 体大,体长在1米左右 ··········· 金猫属 *Profelis*
   体小,体长不超过0.5米··············· 猫属 *Felis*

豹属 *Panthera*

体背棕或橙黄,黑斑或环清晰,颅基长 175 mm 以上,吻鼻面狭高,副枕突低于听泡,下颌骨下缘弧形 ················ 豹 *P. pardus*

体背灰色,黑斑或环不清楚;尾粗长;颅基长 175 mm 以下,吻鼻面平宽,副枕突高于听泡,下颌骨下缘平直··········· 雪豹 *P. uncia*

云豹属 *Neofelis*

云豹 *N. nebulosa*

尾较长。头上、眼周为一黑色环,眼后颊部有两条横列黑纹,上唇和额顶部有小黑点斑。颈背有 4 条黑色纵纹。尾棕黄,末端有数个黑环。

猞猁属 *Lynx*

猞猁 *L. lynx*

后足长超过尾长。体后部及四肢有棕褐色斑点。头部、上下唇灰白色,眼上下有较宽的白色边缘,眼后上侧具黑色条纹。耳尖有一撮长的黑色笔毛。尾末段黑色。

金猫属 *Profelis*

金猫 *P. temmincki*

尾较短,尾长约为体长的一半。颈背红棕色,背黑色;尾双色,上同体背,下部淡白,末端白色。眼内角有一条宽白纹,后接棕色纹至头部;颊具 1 条两侧棕黑的白纹。

猫属 *Felis*

1.尾粗圆,体背具数条细横纹,上颌前臼齿 2 对

················ 兔狲 *F. manul*

尾较细,体背无明显横纹,上颌前臼齿 3 对 ················ 2

2.体背缺乏斑纹,耳端具短簇毛,眶突和眶后突短且多不联成眼环
·· 荒漠猫 *F. bieti*

体背多斑点或花纹,耳端短簇不明显,眶突和眶后突长且多联成
眼环 ·· 3

3.尾长达头躯长之半,耳背有白斑;体背淡黄色具棕褐色斑
······································· 豹猫 *F. bengalensis*

尾短于头躯长之半,耳背无白斑;体背灰黄色杂以棕黑色斑
······································· 野猫 *F. silvestris*

(二十四)犬科 Canidae

犬科分属检索

1.体毛几乎全为红棕色,下臼齿2对 ···················· 豺属 *Cuon*

体毛非红棕色,下臼齿3对 ··· 2

2.体型较大,体长超过1 m,头骨最大超过200 mm ········· 犬属 *Canis*

体型较小,体长不到1 m,头骨最大不超过200 mm ············· 3

3.颊部有向两侧横生的长毛;头骨吻部较短,下颌骨底缘在角突之
下形成圆形亚角突 ·························· 貉属 *Nyctereutis*

颊部无向两侧横生的长毛;头骨吻部较长,下颌骨底缘在角突之
下不形成圆形亚角突 ······················ 狐属 *Vulpes*

豺属 *Cuon*

豺 *C. alpinus*

四肢短钝,尾较长;吻部短钝。体毛红棕、棕褐或棕色。头、颈、
肩及背色较浓,吻端浅褐色;喉、腹部浅灰棕或棕白色;尾背面稍黑
成纹,末端一半几全为黑色。

犬属 *Canis*

狼 *C. lupus*

吻尖钝口宽阔,耳竖立;前肢外侧棕黄色,中央有一黑褐色条纹。腹部乳白色;上唇苍灰色,触须长而硬,黑色;耳壳背面褐色;尾背毛基灰黄,毛尖黑色,末端黑色。

貉属 *Nyctereutis*

貉 *N. procyonoides*

吻部及耳均短,两颊有长毛,四肢短,尾短。趾行性,前足5指,后足4趾;趾垫和趾间垫发达。爪粗短,不能伸缩。眼部有黑褐色条纹。

狐属 *Vulpes*

体型大,体长约70 cm,尾长45 cm,耳背黑,尾末白
·· 赤狐 *V. vulpes*

体型小,体长60 cm以下,尾长30 cm,耳背棕褐或黑,尾梢粉白色
·· 沙狐 *V. corsac*

七、奇蹄目 Perissodactyla

(二十五)马科 Equidae

马属 *Equus*

耳短小,鬃毛长,超过耳基前缘;尾椎骨不延长,从尾基起全为鬃毛
·· 野马 *E. przewalskii*

耳长大,鬃毛短,不达耳基前缘;尾椎骨延长,尾基无鬃毛
·· 野驴 *E. hemionus*

八、偶蹄目 Artiodactyla

偶蹄目分科检索

1. 头上无角,足有2趾或4趾。上颌有门齿,下犬齿与门齿异形 …… 2
   头上大都有角,足有4趾,上颌无门齿,下犬齿与门齿同 ………… 3
2. 鼻面延伸成圆锥形,末端具鼻盘,体上被有稀疏的硬鬃,足有4趾,
   颊齿列每边7枚,且为丘齿型,眼眶不闭锁 ……… 猪科 Suidae
   鼻面不延伸成圆锥形,末端无鼻盘,足有2趾,颊齿列每边6枚且为
   月形齿,眼眶闭锁,背上有1~2个脂肪肉瘤…… 驼科 Camelidae
3. 角为实角,有分枝,每年脱换,有上犬齿,形正常或呈獠牙状
   ……………………………………………… 鹿科 Cervidae
   角为洞角,无分枝,永不脱落,无上犬齿 …………… 牛科 Bovidae

(二十六)猪科 Suidae

野猪属 *Sus*

野猪 *S. scrofa*

外形似家猪。耳直立。背脊中央具鬃毛。体通常黑或棕黑色;
面颊部和胸部杂灰白色毛;吻暗黑,中间有沙白色黄斑。四肢黑色,
鼠蹊部土黄色;尾尖黑色。

(二十七)驼科 Camelidae

骆驼属 *Camelus*

双峰驼 *C. bactrianus*

体型大。颈长弯曲,下颈具垂长毛。背上具2个扁圆锥形驼

峰。尾细短,四肢细长,前肢无胼胝体;足大,底部具角质化的皮肤垫。

(二十八)鹿科 Cervidae

鹿科分属检索

1. 雌雄均无角,雄性上犬齿向下延长,弯曲成獠牙状,具麝香腺
   ··· 麝属 *Moschus*
   雄性有角或均具角,上下犬齿或成獠牙状或退化甚至缺如,无麝
   香腺 ·· 2

2. 体型大,体长超过 1500 mm,颅全长超过 250 mm,雄兽常有不呈
   獠牙状的上犬齿,角有眉叉 ················ 鹿属 *Cervus*
   体型小,体长不到 1500 mm,颅全长不到 250 mm,雄性上犬齿缺
   或存在呈獠牙状 ······························ 3

3. 雄性通常无上犬齿,泪窝小,角在高处分枝,共 3 叉;尾极短,隐于
   体毛内 ······························ 狍属 *Capreolus*
   雄性上犬齿成獠牙状,泪窝大,角简单,尾较长 ············ 4

4. 额部有簇状长毛,角短隐于簇状毛中,角基沿额骨两侧不成棱状
   嵴;泪窝大,直径约等于眼窝直径,无额腺
   ··· 毛冠鹿属 *Elaphodus*
   额部簇状毛存或缺,角显著露于毛外,角基沿额骨两侧突起成棱
   状嵴;泪窝小,直径明显小于眼窝直径,有额腺
   ··· 麂属 *Muntiacus*

麝属 *Moschus*

个体较大,体长 800~900 mm;通体毛色沙黄,颈部具茶褐色至深
褐色大型斑块,臀部毛色与体色相同。吻长大于颅全长的一半
··· 马麝 *M. sifanicus*

个体较小,体长700~800 mm;通体毛色棕褐,颈部不具茶褐色至深褐色大型斑块,臀部毛色几近黑色。吻长短于颅全长的一半
·· 林麝 *M. berezouskii*

鹿属 *Cervus*

1. 角的眉叉与第2枝的距离小,臀斑污白或淡棕黄色。门齿孔宽长,长度近似等于眼眶直径 ····················· 马鹿 *C. elaphus*
   角的眉叉与第2枝的距离大,臀斑白色或淡黄色。门齿孔窄短,长度小于眼眶直径 ····································· 2
2. 成兽体长约1.5 m,体被白斑,臀斑白色,角共4叉;鼻骨细长,后部不向两侧延伸;泪窝不占泪骨全部 ················· 梅花鹿 *C. nippon*
   成兽体长约2 m,体被无白斑,臀斑棕黄色,角共4或5叉;鼻端两侧及下唇白,鼻骨宽短,后部向两侧作翼状突;泪窝几占泪骨全部 ·· 白唇鹿 *C. albirostris*

狍属 *Capreolus*

狍 *C. capreolus*

雄狍具短角,分3叉而无眉叉,角干上及角基有节突。夏毛棕黄冬毛灰棕。臀具白色块斑,尾短隐于被毛内。有眶下腺及蹄腺。

毛冠鹿属 *Elaphodus*

毛冠鹿 *E. cephalophus*

全身暗褐。雄性角短不分叉。眼小,眶下腺显著;耳壳圆,被有厚毛;眼上方有一灰色纹与额部栗褐色毛冠为界;头部侧面及嘴缘杂有白色毛。

麂属 *Muntiacus*

小麂 *M. reevesi*

颈背中央有一条黑线。雄兽角短小分叉,角尖向内下方弯曲;

眶下腺大,近"S"形。体毛棕栗色,杂隐形灰黄色斑点;尾背和臀边有一条棕栗色窄纹。

(二十九)牛科 Bovidae

牛科分属检索

1. 角由头顶直接向上伸出,然后向外翻转;吻鼻部隆起,缺眶下腺及蹄腺 ·················· 羚牛属 *Budorcas*

角由头顶直接向外伸出,稍向后下弯;吻鼻部不隆起,有眶下腺及蹄腺 ······························· 2

2. 体型轻捷,四肢细,蹄狭尖 ····························· 3

体型粗重,四肢粗壮,蹄宽钝,雌雄均具角 ·············· 4

3. 尾短于 110 mm;鼻骨内外缘不平行,前端尖细;泪窝不显;听泡小,缺鼠蹊腺 ···················· 原羚属 *Procapra*

尾长于 120 mm;鼻骨内外缘几乎平行,前端宽,具明显缺刻;泪窝明显;听泡大,眶下腺、鼠蹊腺发达 ····· 羚羊属 *Gazella*

4. 雌雄均具角,大小相同 ····························· 5

雄兽角大于雌兽,左右角岔开甚远,并向后下方弯曲 ·········· 7

5. 体型大,体长超过 2.8 m;角表面光滑,左右角明显分离,由头后端最高处横嵴升起 ···················· 牛属 *Bos*

体型小,体长不超过 2.5 m;角表面具狭窄横环,左右角由头顶升起时很靠近 ····························· 6

6. 体型较大,肩高超过 750 mm;颈背长鬃有或缺;眶下腺发达;颅轴在腭部略弯曲;泪骨有凹窝且与鼻骨相连 ····· 鬣羚属 *Capricornis*

体型较小,肩高不超过 750 mm;颈背无长鬃;眶下腺很小;颅轴在腭部显著弯曲;泪骨平坦且不与鼻骨相连 ··· 斑羚属 *Naemorhedus*

7. 颔下无须,有显著的眶下腺;角粗大,向后呈螺旋状弯曲,角表面有不规则的横棱、泪骨有凹窝 ··············· 盘羊属 *Ovis*

颌下有须或无,无眶下腺;角细,不呈螺旋状弯曲 ·············· 8

8. 雄兽颌下有须,背脊具黑纹;角弯刀状,角尖向上并稍向下弯曲,
角表面有高大横峰,角的横切面呈扁长方形······ 山羊属 *Capra*
雌雄颌下均无须,背脊不具黑纹;角尖,直升向上后岔向两侧并略
向后弯,其内缘有一小棱,角的横切面近似三角形

·················· 岩羊属 *Pseudois*

羚牛属 *Budorcas*

羚牛 *B. taxicolor*

体型较大,吻鼻隆起,下颌具须;角粗,由头顶长出,先向上升
起,又突然翻转,靠近头部向外伸,然后又向后弯转,近尖端又向
内弯。

原羚属 *Procapra*

1. 体型较大,成兽体长超过 1.1 m;有眶下腺和鼠蹊腺;角长不到
300 mm;角初升近平行后渐岔开,近角尖处稍向上内方弯转;
颅基长超过 200 mm ·············· 黄羊 *P. gutturosa*
体型较小,成兽体长不超过 1.1 m;缺眶下腺和鼠蹊腺;角长超过
300 mm;颅基长短于 200 mm ·············· 2

2. 角形粗短,向后下弯,近角尖处显著内弯而稍向上形成相对钩曲;
颅基长达 200 mm,前额骨后端不到鼻骨外缘

·················· 普氏原羚 *P. przewalskii*

角形较细长,近角尖处稍向上弯,形成角尖向后上方;颅基长不到
200 mm,前额骨后端与鼻骨外缘相连 ····· 原羚 *P. picticaudata*

羚羊属 *Gazella*

鹅喉羚 *G. subgutturosa*

外形似黄羊,但耳和尾较长。仅雄兽具角。颈细长。体色棕
黄,眼下、脸纹茶褐色,额灰棕,吻部白略带棕黄色。

牛属 *Bos*

野牦牛 *B. grunniens*

肩部中央隆起;耳小。全身褐黑色,吻鼻部周围稍呈白色。头及躯体背面毛短而光滑,其余体部毛长。

鬣羚属 *Capricornis*

鬣羚 *C. sumatraensis*

全身黑色,背中央有一条黑色纹,直达尾的近端。颈背有黑色长鬃。吻侧具黄褐色斑。具眶下腺、蹄腺。乳头2对,位于鼠蹊部。

斑羚属 *Naemorhedus*

斑羚 *N. goral*

体型似鬣羚,稍小。毛色灰棕褐色,背有棕褐色脊纹,下喉部有一块白色毛斑。四肢短,蹄狭窄,尾短。雌雄头上长有同型角。

盘羊属 *Ovis*

盘羊 *O. ammon*

体型粗壮,肩高大于臀高。耳、腿、尾短。雌雄均具角,雄性角粗大,形成螺旋状圆圈。全身暗棕灰色。

山羊属 *Capra*

北山羊 *C. ibex*

雌雄均有角,雄性角长大且后弯呈弯刀状,角面具粗糙横棱。颏下有长须,背中线黑色。

岩羊属 *Pseudois*

岩羊 *P. nayaur*

外形似绵羊,但角相当粗大,向外分歧,角间距相当宽。体背灰褐色,腹部和四肢内侧白色,前后肢前面有黑纹。

主要参考文献

1. 常家传,桂千惠子.东北鸟类图鉴[M].哈尔滨:黑龙江科学技术出版社,1995:1-300.

2. 陈服官,罗时有.中国动物志鸟纲九卷:雀形目太平鸟科—岩鹨科[M].北京:科学出版社,1998:1-284.

3. 陈鉴潮,张绳祖,王定乾.甘肃鸟类新纪录[J].西北师范大学学报:自然科学版,1984(1):25.

4. 陈鉴潮,张绳祖,王定乾.甘肃鸟类新纪录-红颈苇鹀[J].西北师范大学学报:自然科学版,1984(4):97.

5. 陈钧,罗文英.安西荒漠草原兽类资源分布的研究[J].中国沙漠,1991,11(4):66-69.

6. 傅桐生,宋榆钧,高玮.中国动物志鸟纲十四卷:雀形目文鸟科和雀科[M].北京:科学出版社,1998:1-323.

7. 高耀庭.中国动物志——兽纲(第八卷):食肉目[M].北京:科学出版社,1987:1-388.

8. 侯峰,龚大洁,张琼,赵长青,叶建新.甘肃黑河湿地两栖爬行动物资源调查及分析[J].四川动物,2007,6(2):333-335.

9. 贾陈喜,孙悦华,毕中霖.中国柳莺属分类现状[J].动物分类学报,2003,28(2):202-209.

10. 雷富民,卢建利,尹祚华,赵洪峰."褐背拟地鸦"是"地山雀"[J].动物分类学报,2003,28(3):554-555.

11. 李桂垣,郑宝赉,刘光佐.中国动物志鸟纲十三卷:雀形目山雀科

—绣眼鸟科[M].北京:科学出版社,1982:1-170.

12. 刘迺发,马崇玉.尕海——则岔自然保护区[M].北京:中国林业出版社,1997:1-277.

13. 刘迺发,张惠昌,窦志刚.甘肃盐池湾国家级自然保护区综合科学考察[M].兰州:兰州大学出版社,2010:1-208.

14. 刘迺发,范华伟,敬凯,宁瑞栋.甘肃安西荒漠兽类群落多样性研究[J].兽类学报,1990,10(3):215-220.

15. 刘迺发,宁瑞栋.甘肃安西极旱荒漠国家级自然保护区[M].北京:中国林业出版社,1998:1-272.

16. 马敬能,菲利普斯,何芬奇.中国鸟类野外手册[M].长沙:湖南教育出版社,2000:1-571.

17. 帅凌鹰,宋延龄,李俊生,等.黑河流域中游地区荒漠—绿洲景观区啮齿动物群落结构[J].生物多样性,2006,14(6):525-533.

18. 谭耀匡,关贯勋.中国动物志鸟纲第七卷:夜鹰目、雨燕目、咬鹃目、佛法僧目和鴷形目[M].北京:科学出版社,2003:1-241.

19. 滕继荣,李晓鸿,冯晓斌,等.甘肃省鸟类新纪录——白腰文鸟[J].四川动物,2011,30(4):628.

20. 王定乾,程晓.甘肃鸟类新纪录[J].西北师范大学学报:自然科学版,1989(3):67-69.

21. 王丕贤,俞诗源.甘肃省鸟类两种新纪录[J].动物学杂志,1992,27(4):52.

22. 王岐山,马鸣,高育仁.中国动物志鸟纲第五卷[M].北京:科学出版社,2006:1-644.

23. 王香亭主编.甘肃脊椎动物志[M].兰州:甘肃科技出版社,1991:1-1362.

24. 胥明肃,李建国.甘肃西部鸟类补遗[J].动物学杂志,1989,24(6):17-21.

25. 杨友桃,张涛.甘肃鸟类新纪录[J].动物学杂志,1997,32(1):48.

26. 张恒,何礼文,袁明.甘肃文县发现鹰雕[J].动物学杂志,2007,42(2):62.

27. 张姣,刘迺发,黄族豪,张立勋.甘肃安西极旱荒漠自然保护区兽类区系研究[J].四川动物,2008,27(2):263-265.

28. 张立勋,安蓓,周天林,刘迺发.甘肃省10种鸟类新记录[J].兰州大学学报:自然科学版,2006,42(3):57-59.

29. 张荣祖.中国动物地理[M].北京:科学出版社,1999:1-502.

30. 张荣祖等.中国哺乳动物分布[M].北京:中国林业出版社,1997:1-280.

31. 张绳祖,程晓.甘肃鸟类新记录[J].西北师范大学学报:自然科学版,1992,28(2):88.

32. 张迎梅.甘肃雁形目鸟类新纪录[J].兰州大学学报:自然科学版,1988,24(3):125.

33. 郑宝赉.中国动物志鸟纲第八卷:雀形目阔嘴鸟科—和平鸟科[M].北京:科学出版社,1985:1-333.

34. 郑光美.中国鸟类分类与分布名录[M].北京:科学出版社,2005:1-444.

35. 郑光美.中国鸟类分类与分布名录[M].第二版.北京:科学出版社,2011:1-456.

36. 郑作新,龙泽虞,卢汰春.中国动物志鸟纲十卷:雀形目鹟科鸫亚科[M].北京:科学出版社,1995:1-239.

37. 郑作新,龙泽虞,郑宝赉.中国动物志鸟纲十一卷:雀形目鹟科画眉亚科[M].北京:科学出版社,1987:1-307.

38. 郑作新,卢汰春,杨岚,雷富民.中国动物志鸟纲十二卷:雀形目鹟科莺亚科和鹟亚科[M].北京:科学出版社,2000:1-439.

39. 郑作新,冼耀华,关贯勋.中国动物志鸟纲第一卷:潜鸟目、鹱形目

目、鹱形目、鹈形目、鹳形目[M].北京:科学出版社,1997:1-199.

40. 郑作新.中国动物志鸟纲第四卷:鸡形目[M].北京:科学出版社, 1978:1-203.

41. 郑作新.中国动物志鸟纲二卷:雁形目[M].北京:科学出版社, 1979:1-143.

42. 郑作新,冼耀华,关贯勋.中国动物志鸟纲第六卷:鸽形目、鹦形目、鹃形目和鸮形目[M].北京:科学出版社,1997:1-240.

43. 郑作新.中国鸟类种和亚种分类名录大全[M].第二版.北京:科学出版社,2000:1-322.

44. 郑作新.中国鸟类系统检索[M].第三版.北京:科学出版社, 2002:1-396.

中文名索引

五画

九画

拉丁名索引

A

F

H

K

L

M

Suidae 221

Suncus 187, 189

Sus 221

Sylvia 159, 161

Sylviidae 129, 159

T

T. albocinctus 145

T. brevicauda 010

T. brevifilis 022

T. castaneocoronata 160

T. chrysaeus 149

T. cyanurus 149

T. daliica 011

T. dorsonotata 012

T. erythropus 113

T. eunomus 146

T. ferruginea 095

T. glareola 113

T. himalayensis 105

T. hortulorum 146

T. hsutschouensis 012

T. hypoleucos 113

T. indicus 149

T. kessleri 146

T. leptosoma 011

T. merula 146

Synbranchidae 032

Synbranchiformes 006, 032

Syrmaticus 104, 107

Syrrhaptes 118

T. microps 010

T. minxianansis 010

T. mupinensis 146

T. muraria 167

T. nebularia 113

T. obscura 011

T. obscurus 106

T. ochropus 113

T. orintalis 011

T. pallidus 146

T. papillosolabiatus 011

T. pappenheimi 010

T. paradisi 153

T. pilaris 146

T. plicata 193

T. przewalskii 060

T. pseudoscleroptera 011

T. robusta 010

T. rubrocanus 146

T. ruficollis 088, 146

U

V

X

Y